国家中等职业教育改革发展示范学校创新教材

Jixie　Zhitu

机 械 制 图

德州交通职业中等专业学校　编

人民交通出版社股份有限公司
China Communications Press Co.,Ltd.

内 容 提 要

本书内容包括:制图基本知识与技能、正投影做图基础、立体表面上交线的投影做图、轴测图、组合体、机械图样的基本表示法、机械图样中的特殊表示法、零件图及装配图,共 9 个项目。

本书可作为中等职业学校、技工院校的机械及相关专业的基础课教材,也可作为绘图员考试及相关技术人员培训的参考用书。

图书在版编目(CIP)数据

机械制图／德州交通职业中等专业学校编. —北京:
人民交通出版社股份有限公司,2015.3
ISBN 978-7-114-12041-1

Ⅰ.①机… Ⅱ.①德… Ⅲ.①机械制图—中等专业
学校—教材 Ⅳ.①TH126

中国版本图书馆 CIP 数据核字(2015)第 021324 号

国家中等职业教育改革发展示范学校创新教材

书 名:	**机械制图**
著 作 者:	德州交通职业中等专业学校
责任编辑:	刘 洋
出版发行:	人民交通出版社股份有限公司
地 址:	(100011)北京市朝阳区安定门外外馆斜街 3 号
网 址:	http://www.ccpress.com.cn
销售电话:	(010)59757973
总 经 销:	人民交通出版社股份有限公司发行部
经 销:	各地新华书店
印 刷:	北京市密东印刷有限公司
开 本:	787×1092 1/16
印 张:	18
字 数:	419 千
版 次:	2015 年 3 月 第 1 版
印 次:	2015 年 3 月 第 1 次印刷
书 号:	ISBN 978-7-114-12041-1
定 价:	42.00 元

(有印刷、装订质量问题的图书由本公司负责调换)

作为一名加工制造类职业院校学生，无论在校学习期间，还是毕业后上岗工作，都必须有较强的观察能力、空间想象能力和做图能力。任何机械设计和制造人员，如果缺乏绘制和识读机械图样的能力，就无法从事这一工作。以最简单的车工和钳工生产实习为例，如果看不懂图，就无法生产零件。如果从事机械维修工作，看不懂图就不能理解机械的结构和原理，甚至无法更换损坏的零件。对于每一个未来的技术工人，学好机械制图对今后的学习乃至工作都有极其重要的影响。

本书打破了以往章节单元的编排思路，采用"任务驱动"的形式设计教材体系，通过与企业生产相对接的实例分析，开拓思路，强调实用性及对学生基础能力的培养。各项目中工作任务重点突出，学习目标和工作任务简单明了，配图丰富、清楚，图解步骤层次清晰，相关理论的叙述深入浅出，教、学、练、评等各环节环环相扣，有利于老师课堂教学和学生课外自学。

本书共分为九个项目，包括制图基本知识与技能、正投影做图基础、立体表面上交线的投影做图、轴测图、组合体、机械图样的基本表示法、机械图样中的特殊表示法、零件图和装配图。

本书由德州交通职业中等专业学校编写。由于时间紧迫以及作者水平所限，书中难免存在疏漏和不妥之处，恳请读者朋友们批评指教！

编 者
2014 年 9 月

目 录
CONCENTS

1

说明：★代表此任务适合于汽车类专业，☆代表此任务为中职汽车类专业选学内容。

项目一 制图基本知识与技能

★任务1 学会使用绘图工具并掌握制图基本规定

完成本学习任务后,你应当能:

1. 叙述本节国标规定内容;
2. 绘制出四种格式图幅;
3. 知道图线及比例的应用;
4. 熟练地书写规定字体;
5. 绘制各种图线。

工作任务

机械制图是用图样确切表示机械的结构形状、尺寸大小、工作原理和技术要求的学科。图样由图形、符号、文字和数字等组成,是表达设计意图和制造要求以及交流经验的技术文件,常被称为工程界的语言。

现在你在企业里,作为实习技术人员,师傅需要你帮忙绘制一张 A4 图纸,请你按师傅要求规范绘制所需的图纸。

相关理论

1. 你认为想要绘制一张图纸,需要准备哪些工具和物品?

"工欲善其事,必先利其器"。有一套用起来得心应手的绘图工具并熟练地掌握其使用方法,是保证图面质量、提高绘图速度的前提。

除了图纸以外,常用绘图工具如图 1-1 ~ 图 1-5 所示。

2. 国家标准都规定了哪些内容?

想一想

(1)国家标准简称国标,其代号是_____,在国标中规定常用图纸基本幅面有_____种,分别用_____表示。

(2)图框在图纸中用_____线画出,分为_____和_____两种。

(3)标题栏一般位于图纸的( )。

　　A.左下角　　　　　　B.右下角　　　　　　C.左上角

(4)比例是指图样中( )与( )相应要素的尺寸之比。

　　A.实物　　　　　　B.图形

(5)汉字应写成( )。

　　A.仿宋体　　　　　　B.宋体　　　　　　C.长仿宋体

图 1-1　铅笔

图 1-2　绘图工具

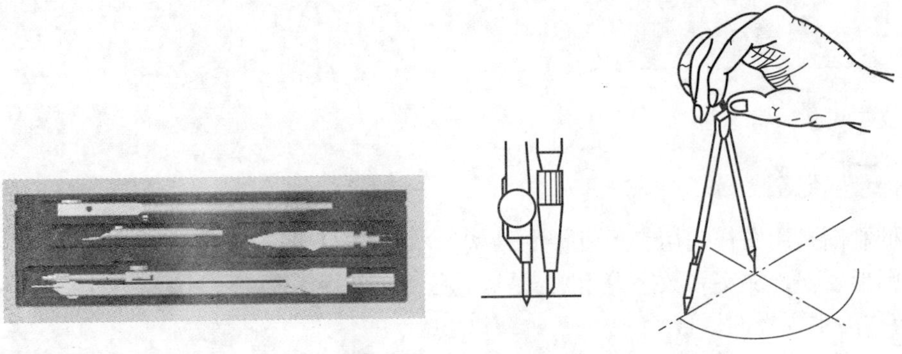

a)圆规

b)圆规使用方法

图 1-3　圆规

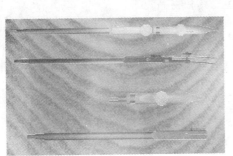

图 1-4　加长杆

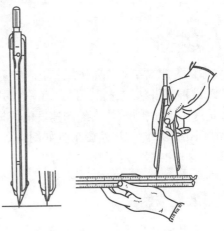

图 1-5　分规

知识链接和拓展

（1）绘图纸。

绘图时要选用专用的绘图纸。专用绘图纸的纸质坚实、纸面洁白，且符合国家标准规定的幅面尺寸。图纸有正反面之分，绘图前可用橡皮擦拭来检验其正反面，擦拭起毛严重的一面为反面。

（2）铅笔（图1-6）。

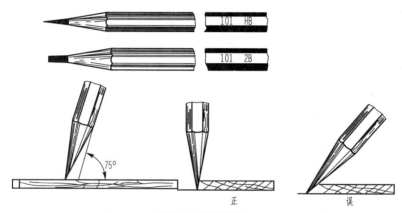

图1-6　铅笔的使用

铅笔是用来画图线或写字的。铅笔的铅芯有软硬之分，铅笔上标注的"H"表示铅芯的硬度，"B"表示铅芯的软度，"HB"表示软硬适中，"B"、"H"前的数字越大表示铅笔越软或越硬，6H和6B分别为最硬和最软的。画工程图时，应使用较硬的铅笔打底稿，如3H、2H等，用HB铅笔写字，用B或2B铅笔加深图线。铅笔通常削成锥形或铲形，笔芯露出6～8mm。

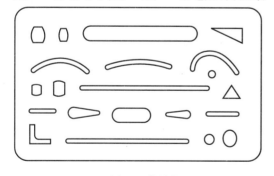

图1-7　擦图片

画图时应使铅笔略向运动方向倾斜，并使之与水平线大致成75°角，如图1-6所示，且用力要得当。用锥形铅笔画直线时，要适当转动笔杆，这样可使整条线粗细均匀；用铲形铅笔加深图线时，可削得与线宽一致，以使所画线条粗细一致。

（3）擦图片（图1-7）。

擦图片是用来擦除图线的。擦图片用薄塑料片或金属片制成，上面刻有各种形式的镂孔（如图1-7）。使用时，可选择擦图片上适宜的镂孔，盖在图线上，使要擦去的部分从镂孔中露出，再用橡皮擦拭，以免擦坏其他部分的图线，并保持图面清洁。

 **任务实施**

1.制订绘制A4图纸上图框线和标题栏的计划，并说明需要何种工具和数据。

(1)了解以下知识点:

①需要的工具有_____。

②根据教师布置的任务,查资料可知,图框线周边尺寸分为_____。

(2)绘图注意事项:

①不同位置的线采用不同线型;　　②标题栏内容及尺寸按规定绘制;

③合理使用绘图工具;　　　　　　④注意图面整洁。

2.小组讨论,查找资料,确定尺寸和线型,并绘制图框线和标题栏。尺寸和线型可参考表 1-1、表 1-2,图框线和标题栏可参考图 1-8 ~ 图 1-14。

图纸幅面及图框格式尺寸　　　　　　　　　　表 1-1

幅面代号	幅面尺寸	周边尺寸		
	$B \times L$	a	c	e
A0	841 ×1189	25	10	20
A1	594 ×841			
A2	420 ×594			
A3	297 ×420		5	10
A4	210 ×297			

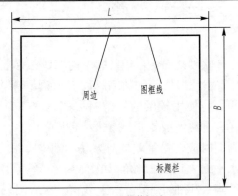

图 1-8　不留装订边　　　　　　　　图 1-9　留装订边

四种格式的图纸边框:

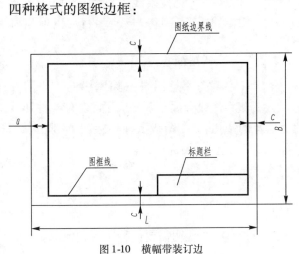

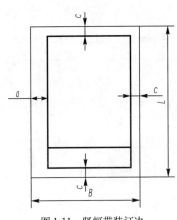

图 1-10　横幅带装订边　　　　　　　图 1-11　竖幅带装订边

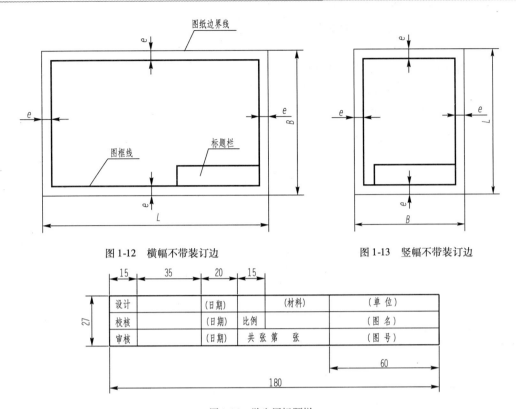

图 1-12 横幅不带装订边

图 1-13 竖幅不带装订边

图 1-14 学生用标题栏

图 线   表 1-2

序号	线 型	名 称	一 般 应 用
1	——————	细实线	过渡线、尺寸线、尺寸界线、剖面线、指引线、螺纹牙底线、辅助线等
2	〜〜〜	波浪线	断裂处边界线、视图与剖视图的分界线
3	—ⅤⅤ—	双折线	断裂处边界线、视图与剖视图分界线
4	——————	粗实线	可见轮廓线、相贯线、螺纹牙顶线等
5	- - - - - -	细虚线	不可见轮廓线
6	— — — —	粗虚线	表面处理的表示线
7	—·—·—	细点划线	轴线、对称中心线、分度圆(线)、孔系分布的中心线、剖切线等
8	—·—·—	粗点划线	限定范围表示线
9	—··—··—	细双点划线	相邻辅助零件的轮廓线、可移动零件的轮廓线、成形前轮廓线等

斜体: *ABCDEFGHIJKLMNOPQRSTUVWXYZ*

abcdefghijklmnopqrstuvwxyz

I II III IV V VI VII VIII IX X 0 1 2 3 4 5 6 7 8 9

正体: ABCDEFGHIJKLMNOPQRSTUVWXYZ

abcdefghijklmnopqrstuvwxyz

0123456789

汉字: 字体工整笔画清楚间隔均匀排列整齐

比例: 比例可分为原值比例、缩小比例和放大比例, 如图 1-15 所示。

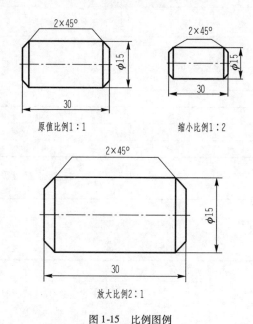

图 1-15　比例图例

评价反馈

1. 学习自测题。

(1) 图样中数字和字母可以写成正体或斜体, 应向(　　　　)倾斜与水平面成(　　　　)度角。

    A. 右、45　　　　　　　　B. 左、75　　　　　　　　C. 右、75

(2) 5:1 是(　　　　)。

    A. 放大比例　　　　　　B. 缩小比例　　　　　　C. 原值比例

(3) A4 图纸的尺寸为(　　　　)。

    A. 210×297　　　　　　B. 420×594　　　　　　C. 297×420

(4) 图框线应采用(　　　　)。

    A. 粗实线　　　　　　　B. 细实线　　　　　　　C. 虚线

(5) 抄画图 1-16 (按 2:1 的比例抄画在 A4 图纸上)。

2. 学习目标达成度的自我检查如表 1-3 所示。

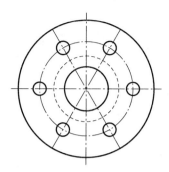

图 1-16 抄画图形

自 我 检 查 表 表 1-3

序号	学习目标	达成情况(在相应选项后打"√")		
		能	不能	如不能,是什么原因
1	叙述本节国标规定内容			
2	绘制出四种格式图幅			
3	知道图线及比例的应用			
4	熟练地书写规定字体			
5	绘制各种图线			

3. 日常表现性评价(由小组长或组员间互评)。

(1)工作页填写情况(　　)。

    A. 填写完整　　B. 缺填 0 ~ 20%　　C. 缺填 20% ~ 40%　　D. 缺填 40% 以上

(2)工作着装是否规范(　　)。

    A. 穿着校服,佩戴胸卡　　　　　　　B. 校服或胸卡缺一项

    C. 偶尔穿着校服,佩戴胸卡　　　　　D. 一直不穿着校服,不佩戴胸卡

(3)是否达到全勤(　　)。

    A. 全勤　　　　　　　　　　　　　　B. 缺勤 0 ~ 20%(请假)

    C. 缺勤 0 ~ 20%(旷课)　　　　　　D. 缺勤 20% 以上

(4)总体印象评价(　　)。

    A. 非常优秀　　B. 比较优秀　　C. 有待改进　　　　D. 急需改进

小组长签名:

年　　月　　日

4. 教师总体评价。

(1)该同学所在小组整体印象评价(　　)。

    A. 组长负责,组内学习气氛好

    B. 组长能组织组员按要求完成学习任务,个别组员不能达成学习目标

    C. 组内有 30% 以上的组员不能达成学习目标

    D. 组内大部分组员不能达成学习目标

(2)对该同学整体印象评价:

教师签名:

年　　月　　日

☆任务2 绘制五角星的平面图

学习目标

完成本学习任务后,你应当能:

1. 熟练利用绘图工具绘图;
2. 绘制常见几何图形;
3. 绘制五角星的平面图。

工作任务

在机械图样中有一些常见的平面图形,比如正五角星、正六边形等。绘制出外接圆直径为 100mm 的一个正五角星(图 1-17)。

图 1-17　正五角星

相关理论

1. 在一些工件中常会有一些正五边形或是五角星,如何去绘制这样的图形呢?

观察任务中的五角星,你会发现五角星的五个顶点到中心的距离_____,五角星五个顶点正好把圆五等分。如何将一个圆五等分?

2. 几何做图。

(1)线段的等分,如图 1-18 所示。

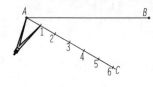 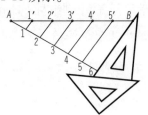 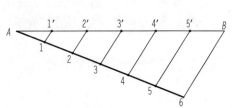

图 1-18　等分线段的画法

想 一 想

1. 线段的中垂线如何做出? 请画出长度为 41 的线段的中点。

做图过程:

（1）_____;

（2）_____;

（3）_____。

2. 做已知角的平分线,如图 1-19 所示。

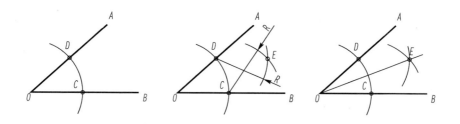

图 1-19　角平分线的画法

说一说:小组成员间讨论并总结角平分线的画法,教师抽查。

（2）正六边形的画法,如图 1-20 所示。

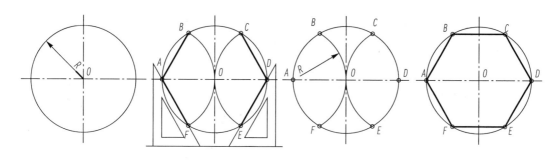

图 1-20　正六边形的画法

看上图写出做图步骤:

①_____;

②_____;

③_____。

（3）斜度（图 1-21）。

斜度是指一直线（或一平面）对另一直线（或一平面）的倾斜程度,用比值 1:n 的形式表示。

（4）锥度（图 1-22）。

锥度是指正圆锥的底圆直径与圆锥高度之比,用比值 1:n 的形式表示。

注意:斜度和锥度的符号方向要和图形一致。

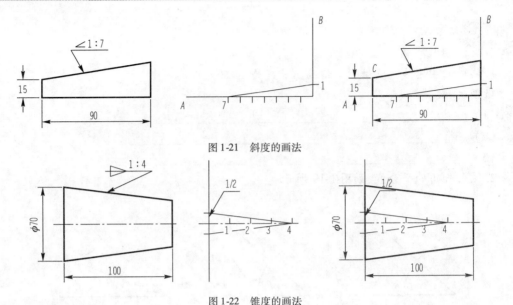

图 1-21 斜度的画法

图 1-22 锥度的画法

 想 一 想

1.经过学习斜度和锥度,回答:

(1)斜度的表示符号为_____。

(2)锥度的表示符号为_____。

2.在画斜度和锥度时都用到了_____的画法。

3.你在生活中见过哪些地方有斜度和锥度的应用?

 知识链接和拓展

任意正多边形的画法。

如图 1-23 所示,以圆内接正七边形为例,说明任意正多边形的画法。

做图步骤:

(1)把直径 *AB* 七等分,得等分点 1、2、3、4、5、6;

(2)以点 *A* 为圆心,*AB* 长为半径做圆弧,交水平直径的延长线于Ⅰ、Ⅱ两点;

(3)从Ⅰ、Ⅱ两点分别向各偶数点(2、4、6)连线并延长相交于圆周上的 *H*、*G*、*F*、*C*、*D*、*E* 点,依次连接 *A*、*C*、*D*、*E*、*F*、*G*、*H* 各点即得正七边形。

 任务实施

1.小组讨论并确定图形在图纸上的布局。

(1)所用图纸:

①学生常用图纸为_____图纸,尺寸为_____。

②不留装订边的边框尺寸 e 为_____。

③标题栏一般位于图纸的_____。

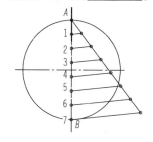
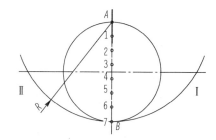

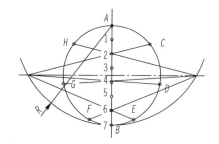
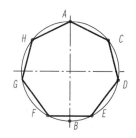

图 1-23 正多边形的画法

（2）根据老师所给外接圆的直径，可确定正五边形的中心位于：从图纸的左图框线向右测量_____，从上图框线向下测量_____，交点即为中心位置。

2. 按照图 1-24～图 1-31 所示步骤绘制五角星。

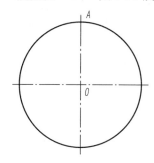
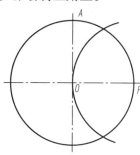

图 1-24 做辅助圆 O　　　　　图 1-25 做半径 OF 的中垂线得到交点 G

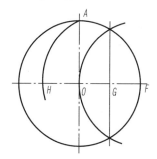
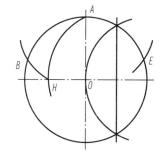

图 1-26 以 G 为圆心、以 GA 为半径做圆弧，并交于点 H

图 1-27 以 A 为圆心、以 AH 为半径画弧，交圆上 B、E

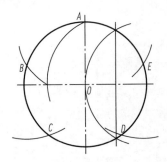

图 1-28 以 *B*、*E* 分别为圆心、以 *AH* 为半
径画弧交圆上点 *C*、*D*

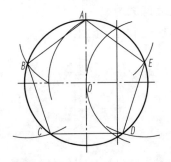

图 1-29 顺次连接 *ABCDE* 即为正五边形

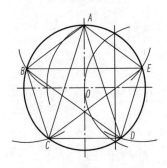

图 1-30 不相邻的顶点相互连接

图 1-31 五角星

要点提示：

（1）中垂线的做法；

（2）连接点时连接对应点；

（3）不同位置的线采用不同线型；

（4）标题栏内容及尺寸按规定绘制；

（5）合理使用绘图工具；

（6）注意图面整洁。

 评价反馈

1. 学习自测题。

五角星的绘图步骤：

（1）＿＿＿；

（2）＿＿＿；

（3）＿＿＿；

（4）＿＿＿；

（5）＿＿＿；

（6）＿＿。

2. 学习目标达成度的自我检查如表 1-4 所示。

自 我 检 查 表 表1-4

序号	学 习 目 标	达成情况(在相应选项后打"√")		
		能	不能	如不能,是什么原因
1	熟练利用绘图工具绘图			
2	绘制常用几何图形			
3	绘制五角星的平面图			

3.日常表现性评价(由小组长或组员间互评)。

(1)工作页填写情况( )。

A.填写完整 B.缺填0~20% C.缺填20%~40% D.缺填40%以上

(2)工作着装是否规范( )。

A.穿着校服,佩戴胸卡 B.校服或胸卡缺一项

C.偶尔穿着校服,佩戴胸卡 D.一直不穿着校服,不佩戴胸卡

(3)是否达到全勤( )。

A.全勤 B.缺勤0~20%(请假)

C.缺勤0~20%(旷课) D.缺勤20%以上

(4)总体印象评价( )。

A.非常优秀 B.比较优秀 C.有待改进 D.急需改进

小组长签名: 年 月 日

4.教师总体评价。

(1)该同学所在小组整体印象评价( )。

A.组长负责,组内学习气氛好

B.组长能组织组员按要求完成学习任务,个别组员不能达成学习目标

C.组内有30%以上的组员不能达成学习目标

D.组内大部分组员不能达成学习目标

(2)对该同学整体印象评价:

教师签名: 年 月 日

任务3　绘制手柄和扳手图

学习目标

完成本学习任务后,你应当能:

1. 绘制有关圆弧连接的图形;
2. 绘制出手柄图;
3. 绘制出扳手图。

工作任务

绘制如图 1-32、图 1-33 所示的手柄和扳手的平面图,要求符合国家标准的有关规定。

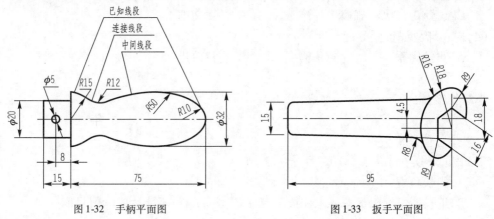

图 1-32　手柄平面图　　　　　　　　图 1-33　扳手平面图

相关理论

1. 任何机械图样都是由尺寸和线段等构成要素组成。要想绘制以上两图,必须对它们的尺寸和线段进行分析。观察一下图形,它们都是由什么要素组成的?

（1）要素分别有 _____。

（2）要绘制圆或圆弧需要知道 _____位置和 _____大小。

2. 圆弧连接的画法。

（1）用圆弧连接两直线,如图 1-34 所示。

做法:①分别做直线 *AB* 和 *CD* 的平行线,距离为 *R*,两直线交于点 *O*(找圆心);

②过 *O* 点做直线 *AB* 和 *CD* 的垂线,垂足分别为 *M* 和 *N*(找切点);

③以 *O* 为圆心,以 *R* 为半径画弧连接 *M* 和 *N* 即得(连接弧)。

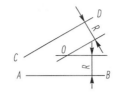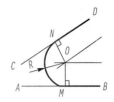

图 1-34 圆弧连接两直线

 想 一 想

做图 1-35 的连接弧。

图 1-35 练习

（2）圆弧与两个圆弧外切连接，如图 1-36 所示。

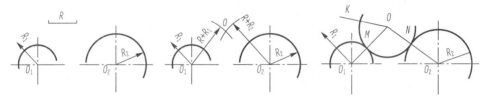

图 1-36 圆弧外连接两圆弧

做法：①以 O_1 为圆心，以 R_1+R 为半径画弧，以 O_2 为圆心，以 R_2+R 为半径画弧，两弧交于一点 O（找圆心）；

②连接 OO_1 和 OO_2 分别与圆交于 M 和 N（找切点）；

③以 O 为圆心，以 R 为半径画弧连接 M 和 N 即得（连接弧）。

（3）圆弧与两个圆弧内切连接，如图 1-37 所示。

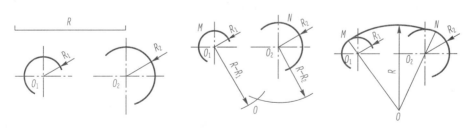

图 1-37 圆弧内连接两圆弧

做法：①以 O_1 为圆心，以 $R-R_1$ 为半径画弧，以 O_2 为圆心，以 $R-R_2$ 为半径画弧，两弧交于一点 O（找圆心）；

②连接 OO_1 和 OO_2 并延长分别与圆交于 M 和 N（找切点）；

③以 O 为圆心，以 R 为半径画弧连接 M 和 N 即得（连接弧）。

15

想 一 想

做图 1-38 的外连接弧。

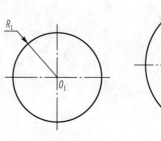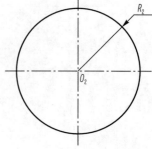

图 1-38 练习

知识链接和拓展

1. 参考图 1-39,思考如何用圆弧连接一条直线和一条圆弧。

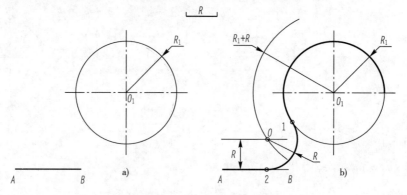

图 1-39 圆弧连接直线和圆

2. 参考图 1-40,思考如何用圆弧混合连接两圆弧。

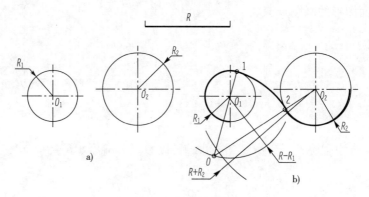

图 1-40 圆弧混合连接

任务实施

1. 小组讨论分析平面图形的尺寸。

（1）尺寸分析。

①基准：标注尺寸的起点。

②尺寸按其在平面图形中所起的作用，分为定形尺寸和定位尺寸两类。

A. 定形尺寸：确定平面图形上各线段形状大小的尺寸。

手柄图中的定形尺寸有 _____；

扳手图中的定形尺寸有 _____。

B. 定位尺寸：确定平面图形上的线段或线框间相对位置的尺寸。

手柄图中的定位尺寸有 _____；

扳手图中的定位尺寸有 _____。

（2）平面图形中线段的分类。

根据线段所具有的定形定位尺寸情况，可将线段分为已知线段、中间线段、连接线段三类。

①已知线段：根据做图的基准位置和尺寸可以直接做出的线段。

手柄图中的已知线段有 _____；

扳手图中的已知线段有 _____。

②中间线段：给出了定形尺寸，但定位尺寸不全，必须依靠一端与另一段相切画出的线段。

手柄图中的中间线段有 _____；

扳手图中的中间线段有 _____。

③连接线段：只给出定形尺寸，没有定位尺寸，需要依靠两端与另两线段相切，才能画出的线段。

手柄图中的连接线段有 _____；

扳手图中的连接线段有 _____。

2. 确定平面图形的画图步骤。

（1）画图前的准备工作。

①准备好必需的制图工具及仪器。

所需工具和仪器有 _____。

②确定图形采用的比例和图纸幅面的大小。

根据图形尺寸确定采用_____的比例，_____图纸。

③将图纸固定在适当位置。

④画出图框和标题栏。

⑤分析图形尺寸、各线段的性质及画图的顺序，确定图形在图纸上的布局。

（2）画图步骤。

①图形分析：分析图形中各线段的性质。

②画底稿。

A.画出基准线,并根据定位尺寸画出定位线。

B.画已知线段。

C.画中间线段。

D.画连接线段。

③描深。

④画箭头。

操作提示:

1.使用活口扳手时,不可用大尺寸的扳手紧固尺寸较小的螺钉,这样会因扭矩过大而使螺钉扭断。

2.要按螺钉六方头或螺母六方的对边尺寸调整开口,注意间隙不要过大,否则会损坏螺钉头或螺母,并容易滑脱,造成伤害事故。

3.应让固定钳口受主要作用力,将扳手手柄向操作者方向拉紧,不要向前推。

4.不能将扳手手柄任意接长或是将扳手当锤子用,这样都会损伤扳手。

 评价反馈

1.学习自测题。

(1)用已知圆弧(R)内切连接两圆弧时,应以两圆弧的圆心为圆心,以(　　)为半径画弧交点即为连接弧的圆心(两圆弧的半径分别为 R_1 和 R_2)。

　　　A.R　　　　　　　B.$R+R_2/R+R_1$　　　C.$R-R_2/R-R_1$　　　D.任意长

(2)用已知圆弧(R)外切连接两圆弧时,应以两圆弧的圆心为圆心,以(　　)为半径画弧交点即为连接弧的圆心(两圆弧的半径分别为 R_1 和 R_2)。

　　　A.R　　　　　　　B.$R+R_2/R+R_1$　　　C.$R-R_2/R-R_1$　　　D.任意长

(3)确定平面图形上各线段形状大小的尺寸叫(　　)。

　　　A.定形尺寸　　　　　B.定位尺寸　　　　C.已知线段　　　　D.中间线段

(4)确定平面图形上各线段或线框间相对位置的尺寸叫(　　)。

　　　A.定形尺寸　　　　　B.定位尺寸　　　　C.已知线段　　　　D.中间线段

2.学习目标达成度的自我检查如表1-5所示。

自 我 检 查 表　　　　　　　　　　　　　　　　表1-5

序号	学习目标	达成情况(在相应选项后打"√")		
		能	不能	如不能,是什么原因
1	绘制有关圆弧连接的图形			
2	绘制出手柄图			
3	绘制出扳手图			

3.日常表现性评价(由小组长或组员间互评)。

(1)工作页填写情况(　　)。

A.填写完整　　　B.缺填 0 ~ 20%　　　C.缺填 20% ~ 40%　　　D.缺填 40% 以上

(2)工作着装是否规范(　　)。

A.穿着校服,佩戴胸卡　　　　　　B.校服或胸卡缺一项

C.偶尔穿着校服,佩戴胸卡　　　　D.一直不穿着校服,不佩戴胸卡

(3)是否达到全勤(　　)。

A.全勤　　　　　　　　　　　　　B.缺勤 0 ~ 20% (请假)

C.缺勤 0 ~ 20% (旷课)　　　　　　D.缺勤 20% 以上

(4)总体印象评价(　　)。

A.非常优秀　　　B.比较优秀　　　C.有待改进　　　D.急需改进

小组长签名:

年　　月　　日

4.教师总体评价。

(1)该同学所在小组整体印象评价(　　)。

A.组长负责,组内学习气氛好

B.组长能组织组员按要求完成学习任务,个别组员不能达成学习目标

C.组内有 30% 以上的组员不能达成学习目标

D.组内大部分组员不能达成学习目标

(2)对该同学整体印象评价:

教师签名:

年　　月　　日

任务4 标注平面图形的尺寸

完成本学习任务后,你应当能:

1. 掌握尺寸标注相关规定;

2. 标注平面图形的尺寸。

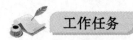

标注任务3中图1-32、图1-33所示的扳手和手柄平面图的相关尺寸,要求符合国家标准的有关规定。

1. 在图样中,其图形只能表达机件的结构形状,只有标注尺寸后,才能确定零件的大小。因此,尺寸是图样的重要组成部分,尺寸标注是一项十分重要的工作,它的正确、合理与否,将直接影响到图纸的质量。标注尺寸必须认真仔细、准确无误,如果尺寸有遗漏或错误,都会给加工带来困难和损失。

你认为一张合格的图纸上的尺寸标注除了要符合国家标准的有关规定,还需要做到哪些?

答案:正确、齐全、清晰、合理。   (你答对了吗?)

2. 尺寸标注的基本规则。

(1)机件的真实大小应以图样上所注的尺寸数值为依据,与图形的大小及绘图的准确性无关;

(2)图样中的尺寸一般以毫米(mm)为单位时,不需标注其计量单位的代号或名称;

(3)图样中所标注的尺寸,为该图样所示机件的最后完工尺寸,否则应另附说明;

(4)机件的每一尺寸,在图样上一般只标注一次,并应标注在反映该结构最清晰的图形上。

3. 比如要标注一条线段的长度,你认为需要标注什么内容(要素)呢? 写一写,标一标。

尺寸标注的三要素为尺寸界线、尺寸线和尺寸数字。

(1)尺寸界线。

①用细实线绘制,从图形的轮廓线或对称中心线引出。

②可利用轮廓线、轴线或对称中心线代替。

③与尺寸线垂直,并超过尺寸线约2mm。

(2)尺寸线(图1-41)。

①用细实线绘制。

②不能与其他图线重合或画在其延长线上。

③平行于被标注的线段。

④相同方向的各尺寸线之间的间隔约 7mm。

⑤尺寸线终端一般用箭头或斜线两种形式。

（3）尺寸数字。

①线性尺寸。

水平：尺寸线上方,字头向上由左向右书写。

竖直：尺寸线左侧,字头朝左由下向上书写。

倾斜：尺寸线上方,字头有向上的趋势。

②角度尺寸：一律水平书写（图 1-42）。

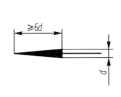

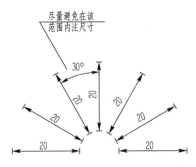

图 1-41　箭头画法

注:d 为图中粗实线的宽度。

图 1-42　线性尺寸数字方向

③圆及圆弧尺寸。

大于半圆的圆弧标注直径尺寸数字前加注符号"Φ"。

小于和等于半圆的圆弧标半径,在尺寸数字前注符号"R"。

④小尺寸的标注,如图 1-43 所示。

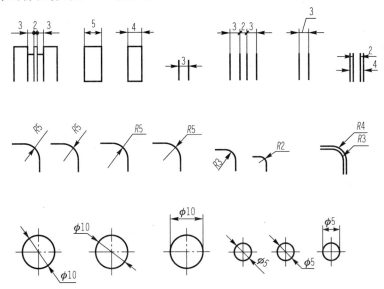

图 1-43　小尺寸标注示例

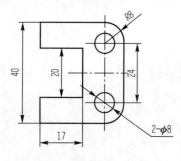

图1-44 标注尺寸示例

A.遇到连续几个较小的尺寸时,允许用黑圆点或斜线代替箭头。

B.在图形上直径较小的圆或圆弧,在没有足够的位置画箭头或注写数字时,可按图1-44的形式标注。

C.标注小圆弧半径的尺寸线,不论其是否画到圆心,但其方向必须通过圆心。

⑤圆球在尺寸数字前加注符号"$S\Phi$",半球在尺寸数字前加注符号"SR"。

想 一 想

1.图1-45,角度至少标5个,该如何标注?

2.图1-46该如何标注?

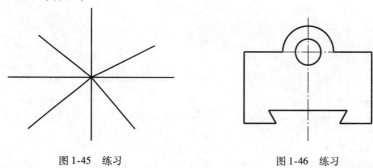

图1-45 练习   图1-46 练习

知识链接和拓展

1.角度尺寸数字。

角度尺寸线应画成圆弧,其圆心是该角的顶点。角度尺寸界线应沿径向引出。角度的数字应一律写成水平方向,一般注写在尺寸线的中断处,必要时也可以注写在尺寸线的上方或外面,也可引出标注。

2.圆的尺寸数字。

尺寸线应通过圆心,尺寸线的两个终端应画成箭头,在尺寸数字前应加注符号 Φ。当图形中的圆只画出一半或略大于一半时,尺寸线应略超过圆心,此时仅在尺寸线的一端画出箭头。整圆或大于半圆应注直径。

任务实施

1.标注手柄的尺寸(图1-47)(汽车专业选学)。

(1)线性尺寸有_____。

(2)圆的尺寸有 _____。

(3)圆弧尺寸有 _____。

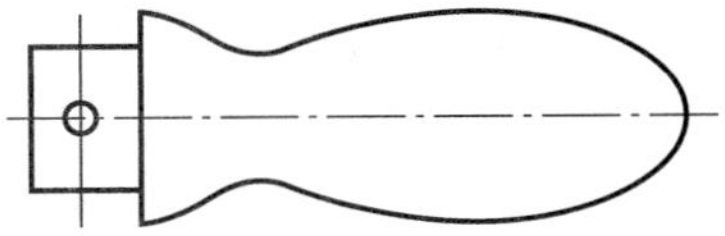

图1-47　手柄图

2.标注扳手的尺寸(图1-48)(汽车专业选学)。

(1)线性尺寸有 _____。

(2)圆的尺寸有 _____。

(3)圆弧尺寸有 _____。

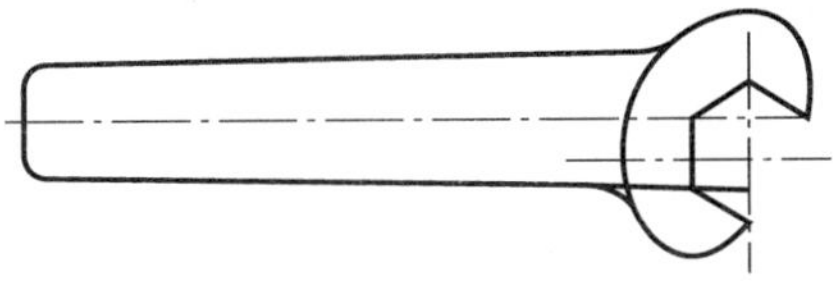

图1-48　扳手图

操作提示：

1.要注意尺寸数字的书写方向及位置。

2.圆弧及圆的标注时,注意要通过圆心,尺寸线终端与圆周接触。

3.注意箭头的画法。

评价反馈

1.学习自测题。

(1)尺寸标注的三要素是( )。

　　A.尺寸线、尺寸界线、尺寸箭头　　　B.尺寸线、尺寸界线、尺寸数字

　　C.尺寸线、尺寸数字、尺寸箭头　　　D.尺寸界线、尺寸数字、尺寸箭头

(2)尺寸线用( )绘制。

　　A.粗实线　　　　　B.细实线　　　　　C.细点划线　　　　　D.虚线

(3)尺寸界线用( )绘制,可用( )和( )代替。

　　A.粗实线　　　　　B.细实线　　　　　C.细点划线　　　　　D.虚线

(4)图样中的尺寸一般以( )为单位时,不需标注其计量单位的代号或名称。

　　A.m　　　　　　　B.cm　　　　　　　C.mm　　　　　　　D.dm

2.学习目标达成度的自我检查如表1-6所示。

自 我 检 查 表　　　　　　　　　　　　　　表1-6

序号	学习目标	达成情况(在相应选项后打"√")		
		能	不能	如不能,是什么原因
1	掌握尺寸标注相关规定			
2	标注平面图形的尺寸			

3.日常表现性评价(由小组长或组员间互评)。

(1)工作页填写情况(　　　)。

　　A.填写完整　　B.缺填 0 ~ 20%　　C.缺填 20% ~ 40%　　D.缺填 40% 以上

(2)工作着装是否规范(　　　)。

　　A.穿着校服,佩戴胸卡　　　　　　B.校服或胸卡缺一项

　　C.偶尔穿着校服,佩戴胸卡　　　　D.一直不穿着校服,不佩戴胸卡

(3)是否达到全勤(　　　)。

　　A.全勤　　　　　　　　　　　　B.缺勤 0 ~ 20% (请假)

　　C.缺勤 0 ~ 20% (旷课)　　　　　D.缺勤 20% 以上

(4)总体印象评价(　　　)。

　　A.非常优秀　　B.比较优秀　　　C.有待改进　　　　D.急需改进

小组长签名:

　　　　　　　　　　　　　　　　　　　　年　　　月　　　日

4.教师总体评价。

(1)该同学所在小组整体印象评价(　　　)。

　　A.组长负责,组内学习气氛好

　　B.组长能组织组员按要求完成学习任务,个别组员不能达成学习目标

　　C.组内有 30% 以上的组员不能达成学习目标

　　D.组内大部分组员不能达成学习目标

(2)对该同学整体印象评价:

教师签名:

　　　　　　　　　　　　　　　　　　　　年　　　月　　　日

项目二　正投影做图基础

★任务1　绘制物体的三视图

学习目标

完成本学习任务后,你应当能:

1. 掌握正投影法的基本原理和基本特性;
2. 理解三视图的形成过程及对应关系;
3. 绘制简单物体的三视图。

工作任务

绘制如图 2-1 所示物体的三视图。

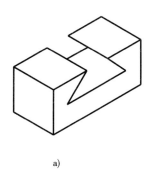
a)

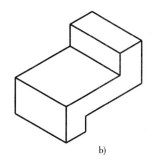
b)

图 2-1　三视图

相关理论

1. 你注意过影子吗? 在什么情况下会产生影子? 产生影子需要哪些条件?

产生影子需要有_____。

2. 投影法概述。

投影三要素:投射线、形体、投影面。

投影分类
（图2-2）
- 中心投影法:透视图效果图
- 平行投影法
  - 正投影法:视图、正轴测图
  - 斜投影法:斜轴测图

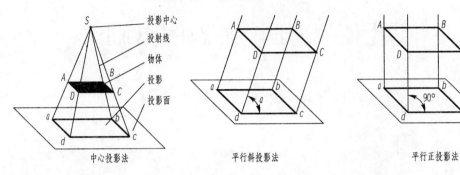

图2-2　投影法分类

3. 正投影法基本性质,如图2-3所示。

(1)实形性:平面或直线平行于投影面时反映实际形状或长度。

(2)积聚性:平面或直线垂直于投影面时,平面积聚成一条线而直线积聚成一点。

(3)类似性:平面或直线倾斜于投影面时,平面是原图形的类似形,直线比实长短。

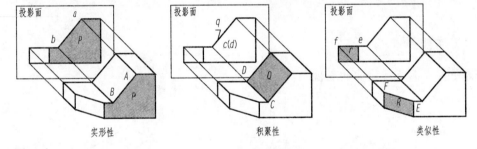

图2-3　正投影法性质

4. 三视图的形成。

(1)视图:用正投影法绘制的物体的图形称为视图,如图2-4所示。

(2)三面投影体系(图2-5)。

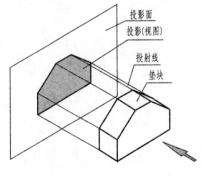

图2-4　视图定义

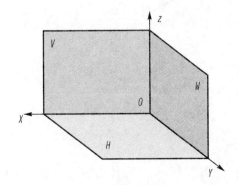

图2-5　三面投影体系

V-正面;W-侧面;H-水平面;OX、OY、OZ-投影轴;O-原点

（3）三视图。

主视图：从前向后在 V 面上的投影。

左视图：从左向右在 W 面上的投影。

俯视图：从上向下在 H 面上的投影。

形成过程：规定正面不动，将水平面和侧面沿 OY 轴分开，并将水平面绕 OX 轴向下旋转90°；将侧面绕 OZ 轴向右旋转90°，如图2-6所示。

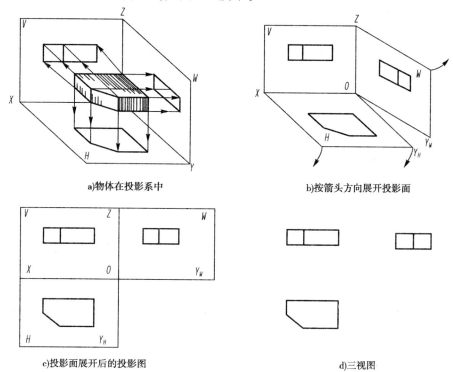

a)物体在投影系中　　　　　　　b)按箭头方向展开投影面

c)投影面展开后的投影图　　　　　　d)三视图

图2-6　三视图的形成

5. 视图的投影规律及方位关系。

（1）长、宽高的定义（图2-7）。

左右之间的距离为长；前后之间的距离为宽；上下之间的距离为高。

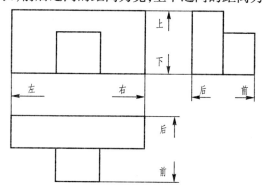

图2-7　长宽高的定义

（2）三视图与物体的方位对应关系（图2-8）。

主视图反映上、下、左、右的关系；俯视图反映前、后、左、右的关系；左视图反映上、下、前、后的关系。

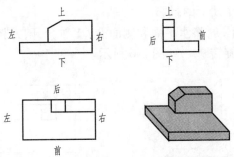

图2-8　方位对应关系

（3）投影规律（图2-9）。

主、俯视图长对正；主、左视图高平齐；左、俯视图宽相等。

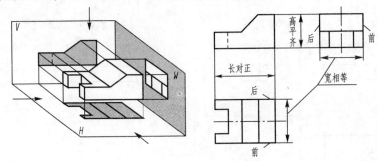

图2-9　投影规律

图2-10所示的三视图该如何绘制？想一想并在空白处绘制，尺寸自定。

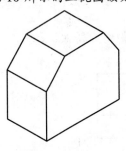

图2-10　练习

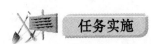

1. 小组讨论主视图的投影方向，小组内确定统一尺寸，将图2-1a）绘制在空白处。

（1）经过讨论,小组决定将箭头方向作为主视图的投影方向,请在图形中标出箭头。

（2）图形的尺寸确定为:最大的长为_____,宽_____,高为_____;开槽槽口长为_____,槽底长度为_____,槽深为_____。

2.小组讨论主视图的投影方向,小组内确定统一尺寸,将图 2-1b)绘制在空白处。

（1）经过讨论,小组决定将箭头方向作为主视图的投影方向,请在图形中标出箭头。

（2）图形的尺寸确定为:总长为_____,宽为_____,总高为_____;向上弯曲左侧长为_____,高度为_____,向下左侧长度为_____,向下深度为_____。

评价反馈

1.学习自测题。

（1）投影可分中心投影和(　　　)。

　　A.平行投影　　　　　　B.正投影　　　　　　C.斜投影

（2）正投影法是投影线与投影面的关系是(　　　)。

　　A.平行　　　　　　　　B.垂直　　　　　　　C.倾斜

（3）平面与投影面垂直时反映正投影法的(　　　)。

　　A.实形性　　　　　　　B.积聚性　　　　　　C.类似性

（4）三面投影体系中正面用(　　　)表示,侧面用(　　　)表示,水平面用(　　　)表示。

　　A.H　　　　　　　　　B.V　　　　　　　　C.W

（5）三视图是指_____、_____、_____。

（6）三视图中长宽高表达正确的是(　　　)。

　　A.上下为长,左右为宽,前后为高　　　　　　B.左右为长,前后为宽,上下为高

　　C.前后为长,上下为宽,左右为高　　　　　　D.左右为长,上下为宽,前后为高

（7）主视图和左视图的投影对应关系是(　　　)。

　　A.长对正　　　　　　　B.高平齐　　　　　　C.宽相等

（8）左视图和俯视图同时反应物体的(　　　)。

　　A.左右　　　　　　　　B.前后　　　　　　　C.上下

2. 学习目标达成度的自我检查如表 2-1 所示。

自 我 检 查 表 表 2-1

序号	学习目标	达成情况(在相应选项后打"√")		
		能	不能	如不能,是什么原因
1	掌握正投影法的基本原理和基本特性			
2	理解三视图的形成过程及对应关系			
3	绘制简单物体的三视图			

3. 日常表现性评价(由小组长或组员间互评)。

(1)工作页填写情况(　　)。

    A. 填写完整　　　B. 缺填 0~20%　　　C. 缺填 20%~40%　　　D. 缺填 40%以上

(2)工作着装是否规范(　　)。

    A. 穿着校服,佩戴胸卡　　　　　　　B. 校服或胸卡缺一项

    C. 偶尔穿着校服,佩戴胸卡　　　　　D. 一直不穿着校服,不佩戴胸卡

(3)是否达到全勤(　　)。

    A. 全勤　　　　　　　　　　　　　　B. 缺勤 0~20%(请假)

    C. 缺勤 0~20%(旷课)　　　　　　　D. 缺勤 20%以上

(4)总体印象评价(　　)。

    A. 非常优秀　　　B. 比较优秀　　　C. 有待改进　　　　　D. 急需改进

小组长签名:

年　　月　　日

4. 教师总体评价。

(1)该同学所在小组整体印象评价(　　)。

    A. 组长负责,组内学习气氛好

    B. 组长能组织组员按要求完成学习任务,个别组员不能达成学习目标

    C. 组内有 30%以上的组员不能达成学习目标

    D. 组内大部分组员不能达成学习目标

(2)对该同学整体印象评价:

教师签名:

年　　月　　日

★ 任务 2 绘制基本体三视图

完成本学习任务后,你应当能:
1. 掌握棱柱、棱锥、棱台三视图的画法;
2. 掌握圆柱、圆锥、圆台三视图的画法。

在一些零件中,常有一些基本形体的存在,比如棱柱、棱锥、棱台、圆柱、圆锥、圆台等。正确绘制棱柱、棱锥、棱台、圆柱、圆锥、圆台的三视图。

1. 在生活当中,你都见过图 2-11 所示的基本体吗?它们叫什么?请写下来。

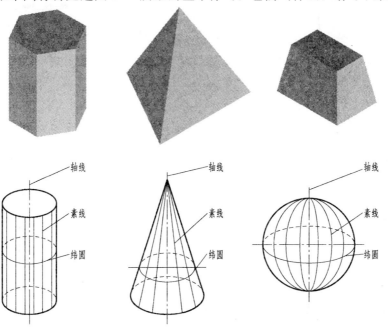

图 2-11 基本体

2. 观察一下各图形,哪些有共性?归类并总结。

第一排:_____。

第二排:_____。

基本体:所有表面都是_____的形体,称为_____;至少有一个表面是
_____的形体,称为_____。

3.平面体的三视图,画法如图 2-12 和图 2-13 所示。

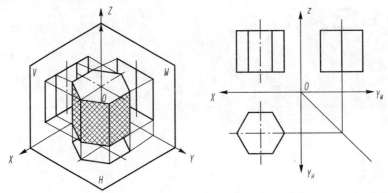

图 2-12　正六棱柱的三视图

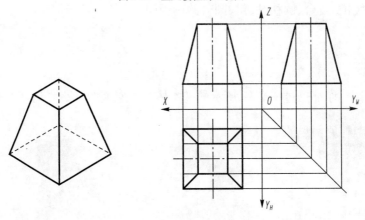

图 2-13　四棱台的三视图

4.曲面体的三视图,如图 2-14 和图 2-15 所示。

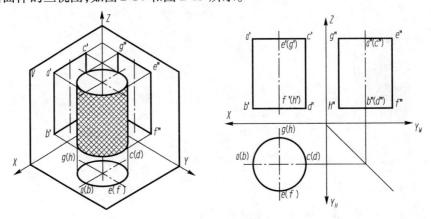

图 2-14　圆柱的三视图

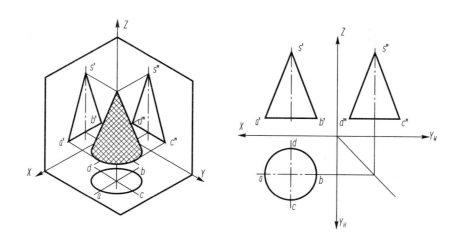

图 2-15 圆锥的三视图

 知识链接和拓展

母线:一个立体可以由一条动曲线(包括直线)生成,则称这条动曲线为这个立体的一条母线。

素线:形成回转面的母线,它们在曲面上的任何位置称为素线。

轮廓线:把确定曲面范围的外形线称为轮廓线(或转向轮廓线),轮廓线也是可见与不可见的分界线。

 想 一 想

图 2-16 所示圆台的三视图该如何绘制? 尺寸自定。

图 2-16 练习

 任务实施

1. 小组讨论正五棱柱(图 2-17)的画法,尺寸自定,将三视图绘制在空白处(汽车选学)。

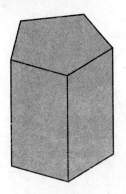

图2-17 正五棱柱

2. 小组讨论四棱锥(图2-18)的画法,尺寸自定,将三视图绘制在空白处。

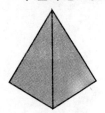

图2-18 四棱锥

3. 绘制图2-19所示的三视图,尺寸自定。

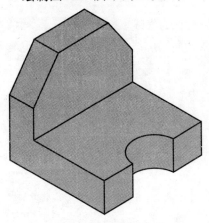

图2-19 弯板

要点提示:

1. 注意绘图的顺序。

2. 不可见的线如何表达?

 评价反馈

1. 学习自测题。

(1)基本体可分为(　　　)和(　　　)。

　　A. 平面体　　　　　　　　B. 曲面体　　　　　　　　C. 直面体

(2) 圆锥属于(　　　)。

　　A. 平面体　　　　　　　　B. 曲面体

(3) 不可见的图线用(　　　)表示。

　　A. 粗实线　　　　　　　　B. 细实线　　　　　　　　C. 虚线

2. 学习目标达成度的自我检查如表 2-2 所示。

自 我 检 查 表

表 2-2

序号	学习目标	达成情况(在相应选项后打"√")		
		能	不能	如不能,是什么原因
1	掌握棱柱、棱锥、棱台三视图的画法			
2	掌握圆柱、圆锥、圆台三视图的画法			

3. 日常表现性评价(由小组长或组员间互评)。

(1) 工作页填写情况(　　　)。

　　A. 填写完整　　　B. 缺填 0~20%　　　C. 缺填 20%~40%　　　D. 缺填 40% 以上

(2) 工作着装是否规范(　　　)。

　　A. 穿着校服,佩戴胸卡　　　　　　　　B. 校服或胸卡缺一项

　　C. 偶尔穿着校服,佩戴胸卡　　　　　　D. 一直不穿着校服,不佩戴胸卡

(3) 是否达到全勤(　　　)。

　　A. 全勤　　　　　　　　　　　　　　B. 缺勤 0~20%(请假)

　　C. 缺勤 0~20%(旷课)　　　　　　　D. 缺勤 20% 以上

(4) 总体印象评价(　　　)。

　　A. 非常优秀　　　B. 比较优秀　　　C. 有待改进　　　D. 急需改进

小组长签名:

　　　　　　　　　　　　　　　　　　　　　　　　　年　　月　　日

4. 教师总体评价。

(1) 该同学所在小组整体印象评价(　　　)。

　　A. 组长负责,组内学习气氛好

　　B. 组长能组织组员按要求完成学习任务,个别组员不能达成学习目标

　　C. 组内有 30% 以上的组员不能达成学习目标

　　D. 组内大部分组员不能达成学习目标

(2) 对该同学整体印象评价:

教师签名:

　　　　　　　　　　　　　　　　　　　　　　　　　年　　月　　日

★任务3　绘制点、直线、平面的投影

完成本学习任务后,你应当能:
1. 掌握点的投影规律,理解空间点的坐标和投影坐标的关系;
2. 掌握线的投影特性。

　工作任务

　　任何物体都是由点线面构成,理解掌握点线面的投影规律,对于绘制三视图有很大帮助。请分析、绘制点、线、面的相关投影。

　相关理论

　　点是构成物体最基本的几何元素,为了正确地表达物体并能够透彻地理解机械图样所表达的内容,应首先掌握点的投影规律。如图 2-20 所示为点 A 在三个平面上的投影。
　　(1)点的表示法。
　　①空间点:用大写拉丁字母,如 A 点。
　　②投影点 $\begin{cases} V:a' \\ H:a \\ W:a'' \end{cases}$
　　(2)点的投影规律,如图 2-21 所示。

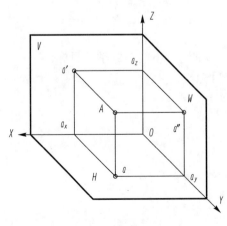

图 2-20　点的投影

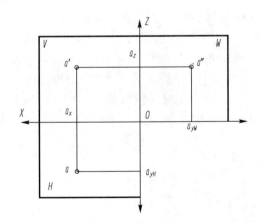

图 2-21　点的投影规律

①空间点 V 面投影与 H 面投影的连线垂直于 OX 轴。

②空间点 V 面投影与 W 面投影的连线垂直于 OZ 轴。

③空间点在 H 面的投影与 X 轴距离,等于空间点在 W 面的投影与 Z 轴距离。

（3）点的坐标（以 A 点为例,如图 2-22 所示）（汽车选学）。

①坐标确定 $\begin{cases} 点 A 到 W 的距离为 X \\ 点 A 到 V 的距离为 Y \\ 点 A 到 H 的距离为 Z \end{cases}$

②空间点 A 的坐标:$A(x,y,z)$

③A 的投影点坐标 $\begin{cases} a(x,y) \\ a'(x,z) \\ a''(y,z) \end{cases}$

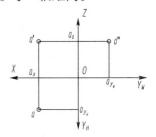

图 2-22 点的坐标

 知识链接和拓展

1. 两点相对位置（汽车选学）。

（1）方位:X 向左,Y 向前,Z 向上。

（2）重影点:不可见点加括号。

已知点 $A(15,10,12)$ 和 $B(15,10,15)$,在同一坐标系内做出其三面投影图。

2. 直线的投影（汽车选学）。

（1）直线的相对位置。

①投影面平行线:平行于一个投影面倾斜于另外两个投影面。

②投影面垂直线:垂直于一个投影面平行于另外两个投影面。

③一般位置直线:倾斜于三个投影面。

（2）投影面平行线,如表 2-3 所示。

①正平线:直线平行于 V 面且与 H 面、W 面相交。

②水平线:直线平行于 H 面且与 V 面、W 面相交。

③侧平线:直线平行于 W 面且与 V 面、H 面相交。

总结:一斜两直为平行线,在哪个面的投影为斜线就是哪个面的平行线。

（3）投影面垂直线,如表 2-4 所示。

①正垂线:直线垂直于 V 面且与 H 面、W 面相交。

②铅垂线:直线垂直于 H 面且与 V 面、W 面相交。

③侧垂线:直线垂直于 W 面且与 V 面、H 面相交。

总结:一点两线为垂直线,在哪个面的投影为点就是哪个面的垂直线。

（4）一般位置直线,如图 2-23 所示。

总结:在三个面的投影为斜线,且具有收缩性,即三斜线,三短无实长。

投影面平行线的投影作图 表2-3

名称	水 平 线	正 平 线	侧 平 线
直观图	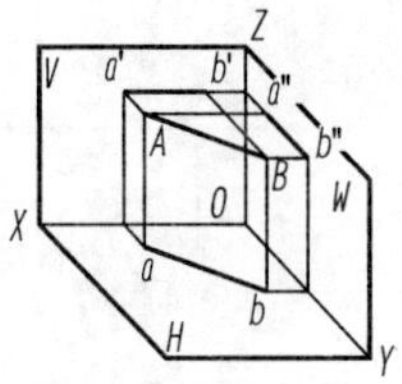	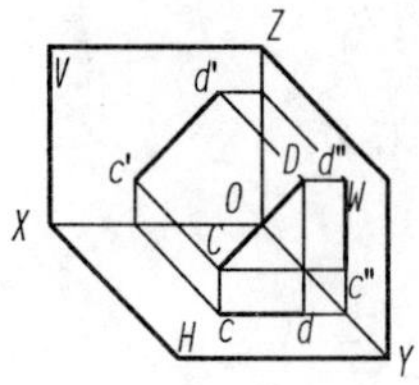	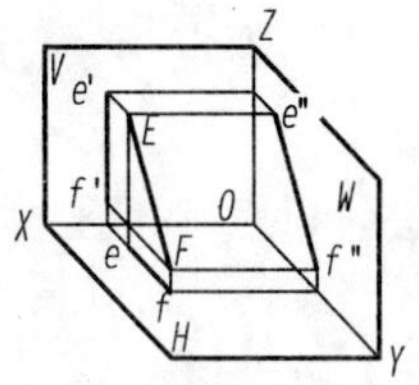
投影图	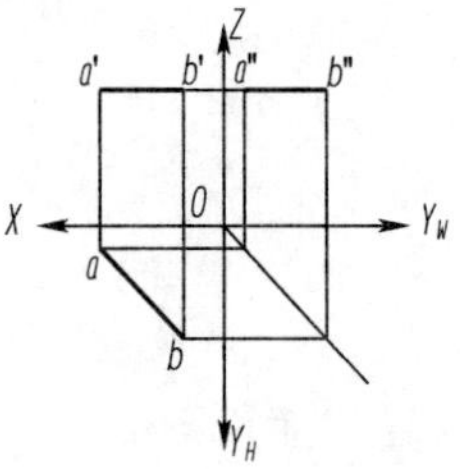	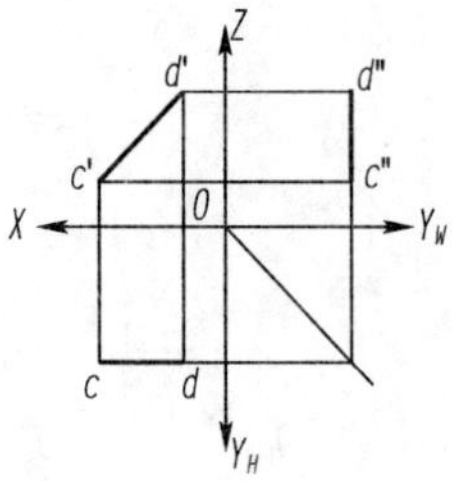	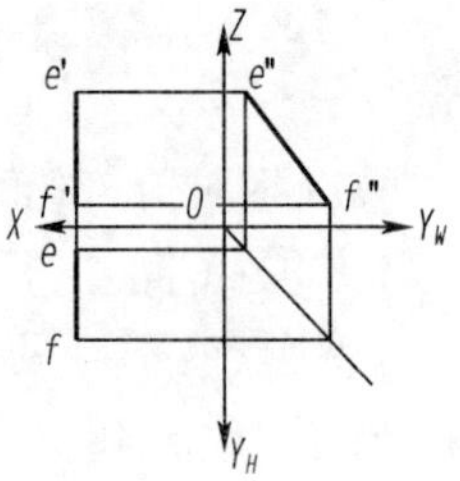

投影面垂直线的投影作图 表2-4

名称	铅 垂 线	正 垂 线	侧 垂 线
直观图	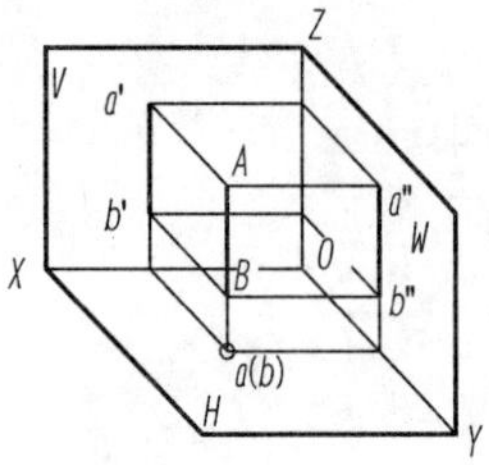	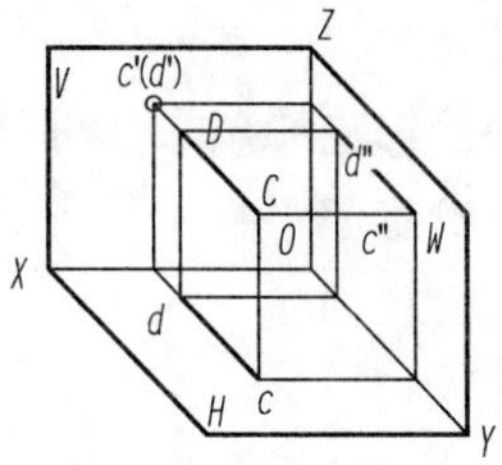	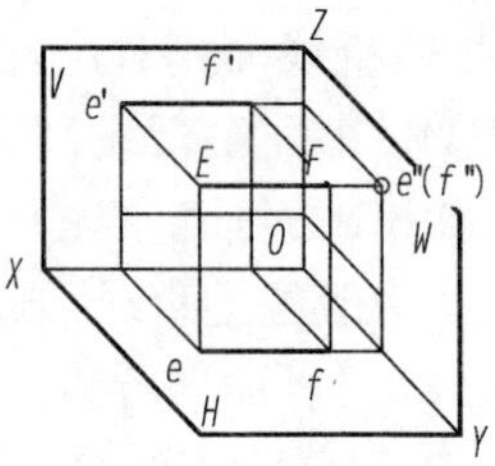
投影图	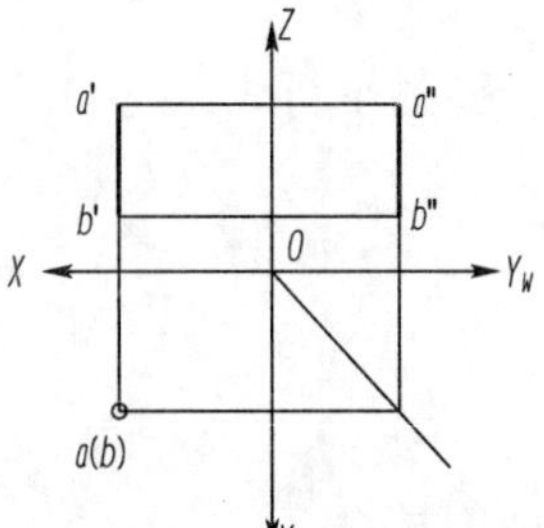	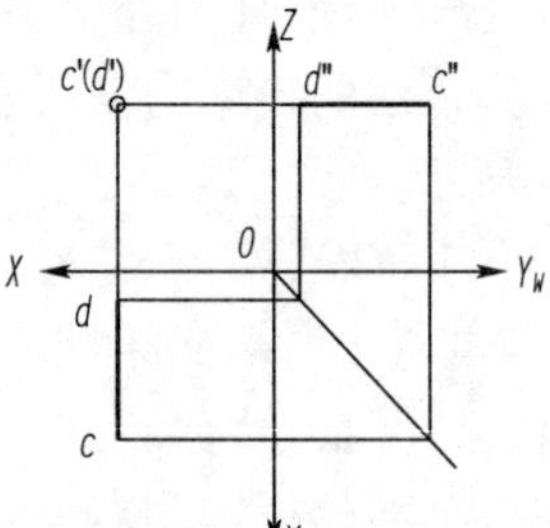	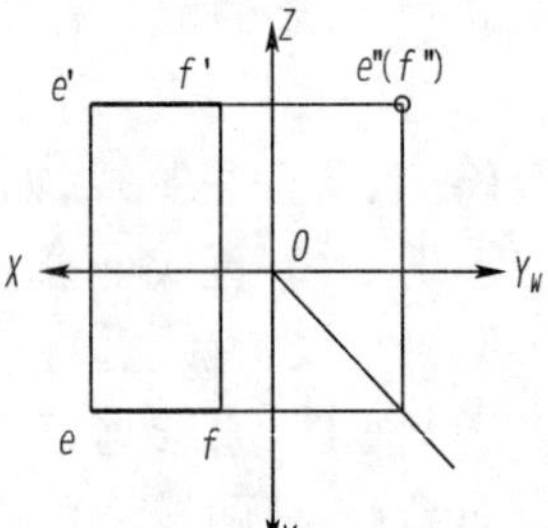

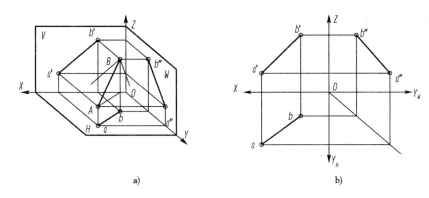

a)　　　　　　　　b)

图2-23　一般位置直线的投影作图

想一想

如何做直线的投影？绘制图2-24所示的直线的第三面投影，并说明直线的类型（汽车选学）。

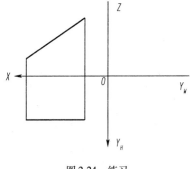

图2-24　练习

任务实施

1. 小组讨论图2-25中各条线的类型及投影特性（汽车选学）。

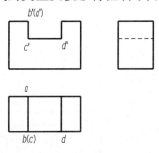

图2-25　凹字槽

（1）AB 是_____，投影特性是_____。

（2）BC 是_____，投影特性是_____。

（3）CD 是_____，投影特性是_____。

2.完成图2-26中点 A、B、C 的三面投影,判断 A、B、C 三点的相对位置关系(汽车选学)。

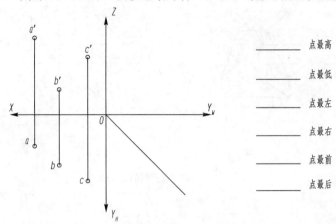

点最高 _____

点最低 _____

点最左 _____

点最右 _____

点最前 _____

点最后 _____

图2-26 点的相对位置

3.根据直线的两面投影,求作第三面投影(图2-27)(汽车选学)。

4.根据两点求第三点(图2-28)。

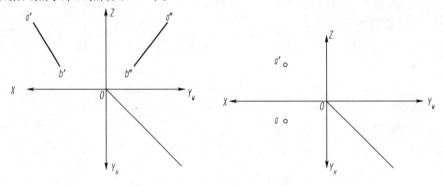

图2-27 直线的第三面投影的作图   图2-28 求点的第三面投影

 评价反馈

1.学习自测题。

(1)点 A 在正面的投影表示法(   )。

　　A. a′　　　　　　　B. a　　　　　　　C. a″

(2)在同一坐标系内 X 轴的坐标越大,点越往(   )。

　　A.上　　　　　　　B.下　　　　　　　C.左　　　　　　D.前

(3)与 OX 轴平行的直线是(   )。

　　A.正平线　　　　　B.正垂线　　　　　C.侧垂线

(4)与 Z 轴平行的直线是(   )。

　　A.水平线　　　　　B.正垂线　　　　　C.铅垂线

(5)一条直线垂直与正面,与其他两投影面平行,这条线是(   )。

　　A.正平线　　　　　B.正垂线　　　　　C.一般位置直线

(6)点的投影作图中,V 面投影与 H 面投影的连线与 X 轴的关系是(　　)。

　　A. 垂直　　　　　　B. 平行　　　　　　C. 倾斜

(7)与水平面倾斜,与侧面平行的直线是(　　)。

　　A. 侧平线　　　　　B. 水平线　　　　　C. 铅垂线

2. 学习目标达成度的自我检查如表 2-5 所示。

自 我 检 查 表　　　　　　　　　　　　　　　　　　表 2-5

序号	学习目标	达成情况(在相应选项后打"√")		
		能	不能	如不能,是什么原因
1	掌握点的投影规律,理解空间点的坐标和投影坐标的关系			
2	掌握线的投影特性			

3. 日常表现性评价(由小组长或组员间互评)。

(1)工作页填写情况(　　)。

　　A. 填写完整　　B. 缺填 0~20%　　C. 缺填 20%~40%　　D. 缺填 40%以上

(2)工作着装是否规范(　　)。

　　A. 穿着校服,佩戴胸卡　　　　　　　B. 校服或胸卡缺一项

　　C. 偶尔穿着校服,佩戴胸卡　　　　　D. 一直不穿着校服,不佩戴胸卡

(3)是否达到全勤(　　)。

　　A. 全勤　　　　　　　　　　　　　　B. 缺勤 0~20%(请假)

　　C. 缺勤 0~20%(旷课)　　　　　　　D. 缺勤 20%以上

(4)总体印象评价(　　)。

　　A. 非常优秀　　B. 比较优秀　　　　C. 有待改进　　　　D. 急需改进

小组长签名:

　　　　　　　　　　　　　　　　　　　　　　　年　　　月　　　日

4. 教师总体评价。

(1)该同学所在小组整体印象评价(　　)。

　　A. 组长负责,组内学习气氛好

　　B. 组长能组织组员按要求完成学习任务,个别组员不能达成学习目标

　　C. 组内有 30%以上的组员不能达成学习目标

　　D. 组内大部分组员不能达成学习目标

(2)对该同学整体印象评价:

教师签名:

　　　　　　　　　　　　　　　　　　　　　　　年　　　月　　　日

任务4　绘制平面的三面投影

完成本学习任务后,你应当能:
1. 掌握面的投影特性;
2. 判断出面的类型。

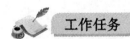

任何物体都是由点线面构成,理解掌握点线面的投影规律,对于绘制三视图有很大帮助。请分析、绘制平面的相关投影。

平面的投影。

(1)平面的相对位置。

①投影面平行面:平行于一个投影面垂直于另外两个投影面。

②投影面垂直面:垂直于一个投影面倾斜于另外两个投影面。

③一般位置平面:倾斜于三个投影面。

(2)投影特性。

①投影面平行面(表2-6)
- 正平面:平面平行于 V 且垂直于 H 和 W
- 水平面:平面平行于___且垂直___和___
- 侧平面:平面平行于___且垂直___和___

总结:一框两线,面在哪个投影面的投影为线框(平面),就叫什么平面。

②投影面垂直面(表2-7)
- 正垂面:平面垂直 V 且与 H 和 W 相交
- 铅垂面:平面垂直于___且与___和___相交
- 侧垂面:平面垂直于___且与___和___相交

总结:一线两框,线在哪个投影面的投影为直线(积聚性),就叫什么垂面。

③一般位置平面(图2-29):平面与 V、H 和 W 都相交。

总结:三个线框,三个投影面均为线框而且面积缩小(类似性)。

投影面平行面的投影作图 表2-6

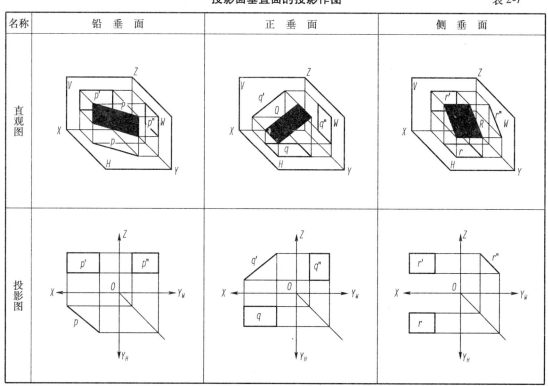

投影面垂直面的投影作图 表2-7

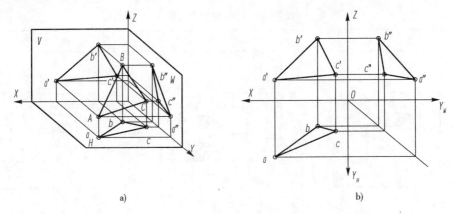

图 2-29　一般位置平面的投影

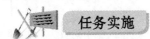 **任务实施**

1. 根据三视图中已给的标记填空,如图 2-30 所示。

直线 *AB* 是_____线,平面 *P* 是_____面,直线 *CD* 是_____线,平面 *Q* 是_____面。

2. 在下列四种说法中,正确的答案是(　　)(图 2-31)。

①*A* 上 *B* 下,*C* 前 *D* 后。

②*A* 前 *B* 后,*C* 上 *D* 下。

③*A* 后 *B* 前,*C* 下 *D* 上。

④*A* 左 *B* 右,*C* 上 *D* 下。

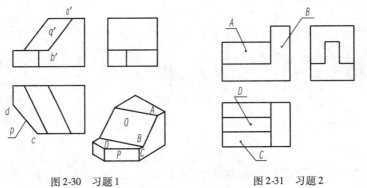

图 2-30　习题1　　　　　　　图 2-31　习题2

 拓展训练

1. 根据点的两面投影求第三面投影(图 2-32、图 2-33)。

2. 分析图 2-34 中各线、面和投影面的相对位置填空,把点标在视图上。

AB 是_____线,*CD* 是_____线,*BD* 是_____线,*P* 面是_____面,*M* 面是_____面。

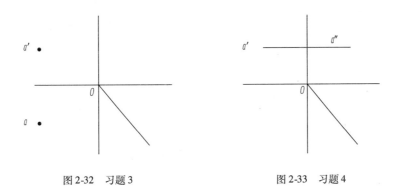

图 2-32 习题 3   图 2-33 习题 4

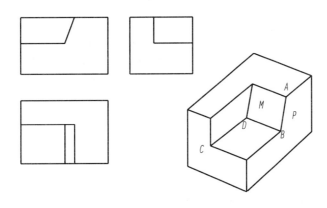

图 2-34 习题 5

评价反馈

1.学习自测题。

(1)与正面平行的平面是(   )。

　　A.正平面　　　　　　　　B.正垂面　　　　　　　　C.水平面

(2)与 Z 轴平行的直线是(   )。

　　A.水平线　　　　　　　　B.正垂线　　　　　　　　C.铅垂线

(3)一个平面垂直与正面,与其他两投影面倾斜,这个面是(   )。

　　A.正平面　　　　　　　　B.正垂面　　　　　　　　C.一般位置平面

(4)点的投影作图中,V 面投影与 H 面投影的连线与 X 轴的关系是(   )。

　　A.垂直　　　　　　　　　B.平行　　　　　　　　　C.倾斜

(5)与侧面平行且与正面、水平面倾斜的线为(   )。

　　A.正垂线　　　　　　　　　　　　　　B.侧平线

　　C.水平线　　　　　　　　　　　　　　D.铅垂线

2.学习目标达成度的自我检查如表 2-8 所示。

自 我 检 查 表 　　　　　　　　　　表 2-8

序号	学习目标	达成情况（在相应选项后打"√"）		
		能	不能	如不能,是什么原因
1	掌握面的投影特性			
2	判断出面的类型			

3. 日常表现性评价（由小组长或组员间互评）。

（1）工作页填写情况（　　）。

　　A. 填写完整　　　B. 缺填 0 ~ 20%　　　C. 缺填 20% ~ 40%　　　D. 缺填 40% 以上

（2）工作着装是否规范（　　）。

　　A. 穿着校服,佩戴胸卡　　　　　　B. 校服或胸卡缺一项

　　C. 偶尔穿着校服,佩戴胸卡　　　　D. 一直不穿着校服,不佩戴胸卡

（3）是否达到全勤（　　）。

　　A. 全勤　　　　　　　　　　　　　B. 缺勤 0 ~ 20%（请假）

　　C. 缺勤 0 ~ 20%（旷课）　　　　　D. 缺勤 20% 以上

（4）总体印象评价（　　）。

　　A. 非常优秀　　　　　　　　　　　B. 比较优秀

　　C. 有待改进　　　　　　　　　　　D. 急需改进

小组长签名:

　　　　　　　　　　　　　　　　　　　　　　年　　　月　　日

4. 教师总体评价。

（1）该同学所在小组整体印象评价（　　）。

　　A. 组长负责,组内学习气氛好

　　B. 组长能组织组员按要求完成学习任务,个别组员不能达成学习目标

　　C. 组内有 30% 以上的组员不能达成学习目标

　　D. 组内大部分组员不能达成学习目标

（2）对该同学整体印象评价:

教师签名:

　　　　　　　　　　　　　　　　　　　　　　年　　　月　　日

项目三　立体表面上交线的投影做图

☆任务 1　绘制立体表面点的投影

完成本学习任务后,你应当能:

1. 绘制棱柱表面上点的投影;
2. 绘制圆柱表面上点的投影;
3. 绘制圆锥表面上点的投影。

在棱柱、圆柱和圆锥表面上的点在三视图中如何表达? 利用投影规律绘制出棱柱、圆柱和圆锥表面上点的投影。

1. 棱柱表面上点的投影。

棱柱表面上投影点的作图的基本原理就是:平面立体上的点一定在立体表面上。由于平面立体的各表面存在着相对位置的差异,必然会出现表面投影的相互重叠,从而产生各表面投影的可见与不可见问题,因此对于表面上的点,还应考虑它们的可见性,判断立体表面上点和线可见与否的原则是:如果点所在的表面投影可见,那么点的同面投影一定可见,否则不可见。如图 3-1 所示。

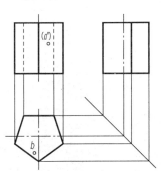
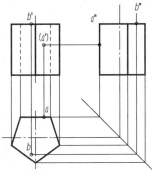

图 3-1　棱柱表面上的投影点作图

做出图 3-2 中 *MN* 点的其他两个投影。

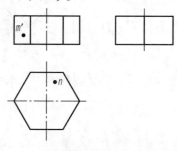

图 3-2 练习

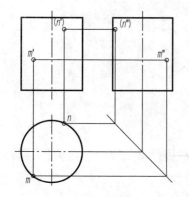

图 3-3 圆柱表面上的点

2.圆柱表面上的点的投影,如图 3-3 所示。

圆柱面上的点必定在圆柱面的一条素线或一个纬圆上。当圆柱面具有积聚投影时,圆柱面上点的投影必在同面积聚投影上。

如图所示,已知圆柱面上的点 *M*、*N* 的正面投影,求另两面的投影。

解:(1)分析。*M* 点的正面投影可见,又在点划线的左面,由此判断 *M* 点在左、前半圆柱面上,侧面投影可见。*N* 点的正面投影不可见,又在点划线的右面,由此判断 *N* 点在右、后半圆柱面上,侧面投影不可见。

(2)做图。

①求点 *m*、*m″*。过 *m′* 做素线的正立投影(可以只做出一部分),即过 *m′* 向下引铅垂线交于圆周前半部 *m*,此点就是所求的 *m* 点;再根据投影规则做出 *m″*,*m″* 点为可见点。

②求点 *n*、*n″*。做法与 *M* 点相同,其侧面投影不可见。

做出图 3-4 中 *C* 点的其他两个投影。

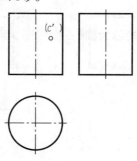

图 3-4 练习

3.圆锥表面上点的投影。

圆锥体的投影没有积聚性,在其表面上取点的方法有两种:

方法一:素线法。圆锥面是由许多素线组成的。圆锥面上任一点必定在经过该点的素线上,因此只要求出过该点素线的投影,即可求出该点的投影。

如图 3-5 所示,已知圆锥面上一点 A 的投影正面投影 a',求 a、a''。

解:(1)分析。

①A 点在圆锥面上,一定在圆锥的一条素线上,故过 A 点与锥顶 S 相连,并延长交底面圆周于 I 点,SI 为圆锥面上的一条素线,求出此素线的各投影。

②根据点线的从属关系,求出点的各投影。

(2)做图。

①过 a' 做素线 SI 的正立投影 $s'1'$。

②求 $s1$。连接 $s'a'$ 延长交底于 $1'$,在水平投影上求出 1 点,连接 $s1$ 即为素线 SI 的水平投影 $s1$。

③由 a' 求出 a,由 a' 及 a 求出 a''。

或先求出 SI 的侧面投影,根据从属关系求出 A 点的侧面投影 a''。

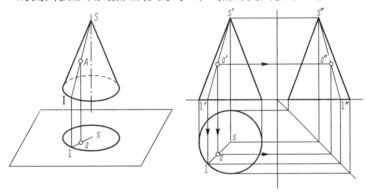

图 3-5 圆锥表面上的点-素线法

方法二:纬圆法。由回转面的形成可知,母线上任意一点的运动轨迹为圆,该圆垂直于旋转轴线,我们把这样的圆称之为纬圆。圆锥面上任一点必然在与其高度相同的纬圆上,因此只要求出过该点的纬圆的投影,即可求出该点的投影。

如图 3-6 所示,已知圆锥表面上一点 A 的投影 a',求 a、a''。

解:(1)分析。

过 A 点做一纬圆,该圆的水平投影为圆,正面投影、侧面投影均为直线,A 点的投影一定在该圆的投影上。

(2)做图。

①过 a' 做纬圆的正面投影,此投影为一直线。

②画出纬圆的水平投影。

③由 a' 求出 a,由 a 及 a' 求出 a''。

④判别可见性,两投影均可见。

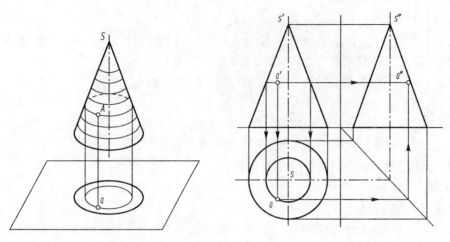

图 3-6   圆锥表面上的点-纬圆法

任务实施

1. 小组讨论后完成圆锥表面上点的其他投影。要求图 3-7、图 3-8 每图采用一种方法。

图 3-7   习题1   图 3-8   习题2

2. 补全图 3-9、图 3-10 所示的第三个视图并做出正六棱柱表面上的点的其他两个投影。

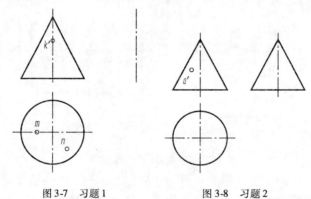

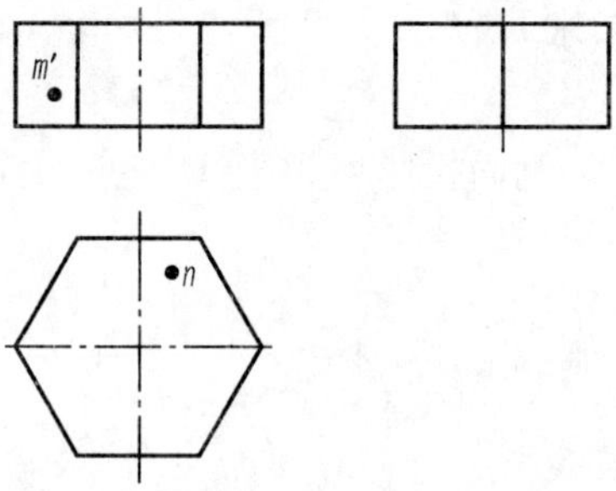

图 3-9   习题3 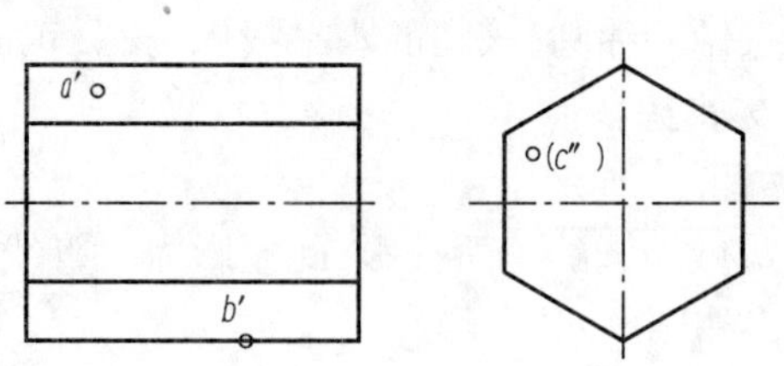   图 3-10   习题4

3. 补全图 3-11、图 3-12 所示的第三个视图并绘制圆柱表面上的点的其他两个投影。

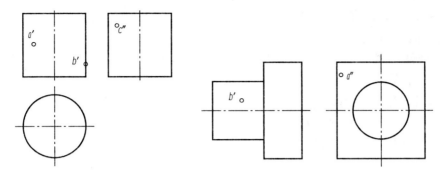

图 3-11 习题 5　　　　　　　　图 3-12 习题 6

评价反馈

1.学习自测题。

(1)如果点所在的表面投影可见,那么点的同面投影一定(　　　)。

　　A.不可见　　　　　　　　B.可见　　　　　　　　C.不一定

(2)圆锥表面上点的投影有以下两种方法(　　　)和(　　　)。

　　A.素线法　　　　　　　　B.纬圆法　　　　　　　C.以上都不对

(3)作棱柱和圆柱表面上点的投影,一般可先作具有(　　　)的投影。

　　A.实形性　　　　　　　　B.积聚性　　　　　　　C.类似性

(4)补全图 3-13 中第三个视图并绘制 A、B 两点的其他投影。

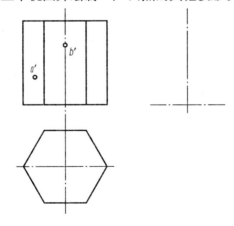

图 3-13 习题 7

2.学习目标达成度的自我检查如表 3-1 所示。

自 我 检 查 表　　　　　　　　　　　　　　　　表 3-1

序号	学 习 目 标	达成情况(在相应选项后打"√")		
		能	不能	如不能,是什么原因
1	绘制棱柱表面上点的投影			
2	绘制圆柱表面上点的投影			
3	绘制圆锥表面上点的投影			

3. 日常表现性评价(由小组长或组员间互评)。

(1)工作页填写情况( )。

    A. 填写完整   B. 缺填 0 ~ 20%   C. 缺填 20% ~ 40%   D. 缺填 40% 以上

(2)工作着装是否规范( )。

    A. 穿着校服,佩戴胸卡   B. 校服或胸卡缺一项

    C. 偶尔穿着校服,佩戴胸卡   D. 一直不穿着校服,不佩戴胸卡

(3)是否达到全勤( )。

    A. 全勤   B. 缺勤 0 ~ 20% (请假)

    C. 缺勤 0 ~ 20% (旷课)   D. 缺勤 20% 以上

(4)总体印象评价( )。

    A. 非常优秀   B. 比较优秀   C. 有待改进   D. 急需改进

小组长签名:

            年   月   日

4. 教师总体评价。

(1)该同学所在小组整体印象评价( )。

    A. 组长负责,组内学习气氛好

    B. 组长能组织组员按要求完成学习任务,个别组员不能达成学习目标

    C. 组内有 30% 以上的组员不能达成学习目标

    D. 组内大部分组员不能达成学习目标

(2)对该同学整体印象评价:

教师签名:

            年   月   日

★任务2 绘制切割体的三视图

学习目标

完成本学习任务后,你应当能:

1. 掌握棱柱及切割体的视图画法;
2. 掌握圆柱切割体的视图画法;
3. 补视图中的缺线。

工作任务

在一些零件中,部分结构是经过切割后使用的,请补全图3-14中所缺图线或视图。

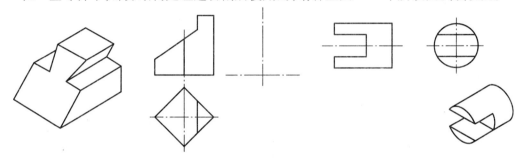

图3-14 切割体的三视图

相关理论

1. 截交线的概述。

(1)定义:平面切割立体在表面上的交线。

(2)基本特性。

封闭性:截交线为封闭的平面图形。

共有性:截交线既在截平面上也在立体表面上。

2. 棱柱的切割,如图3-15和图3-16所示。

(1)长方体切口(学生补画第三视图)。

(2)正六棱柱切割的三视图(图3-16)(以俯视图为正六边形为例)。

a. 做完整的正六棱柱的三视图;

b. 主视图切割后的图形(切面积聚到一条线上);

c. 利用点的投影规律,分别找对应点的三面投影;

d. 连接并补全各条棱的可见性;

53

e. 擦多余,描深。

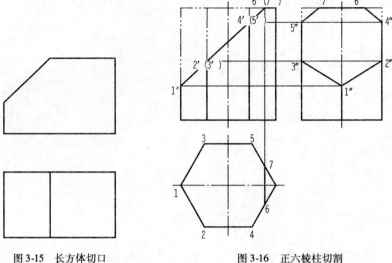

图 3-15　长方体切口　　　　　　　图 3-16　正六棱柱切割

 想 一 想

完成图 3-17 中正六棱柱的切割视图。

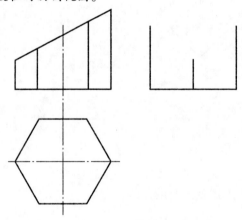

图 3-17　练习

3. 平面切割圆柱的截交线(图 3-18)。

当截平面垂直于圆柱的轴线时,截交线为_____。

当截平面经过或平行圆柱轴线时,截交线为_____。

当截平面倾斜圆柱轴线时,截交线为_____。

4. 圆柱开槽,如图 3-19 所示。

主视图:中间开槽→凹字形。

左视图:凸字形。

俯视图:两条线。

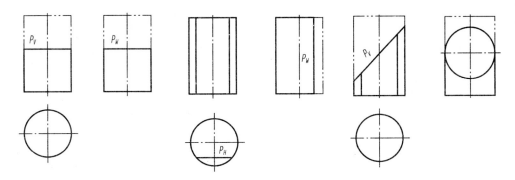

图 3-18　平面切割圆柱的截交线

注意:槽底左视图投影后不可见为虚线。

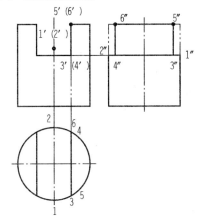

图 3-19　圆柱开槽

 想 一 想

绘制图 3-20 中圆柱切口的第三个视图。

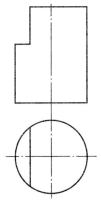

图 3-20　练习

任务实施

1. 小组讨论图 3-21 的主视图方向及画图步骤,绘制在空白处。

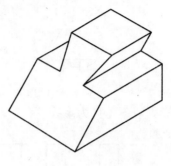

图 3-21　习题 1

2. 根据相关理论的学习和研究,补充图 3-22 中所缺的视图。

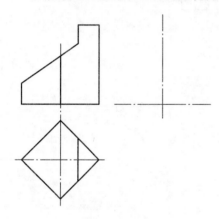

图 3-22　习题 2

3. 根据相关理论的学习和研究,补充图 3-23 中所缺的视图。

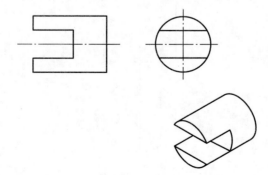

图 3-23　习题 3

评价反馈

1. 学习自测题。

(1) 正六棱柱是( )。

    A. 平面体   B. 曲面体   C. 一般立体

(2) 平面切割立体在立体表面的交线为( )。

    A. 截交线   B. 相交线   C. 相贯线

(3) 切平面与圆柱轴线平行截切圆柱,截交线是( )。

    A. 圆   B. 矩形   C. 椭圆

(4) 截交线一定是一个封闭的( )。

    A. 圆   B. 立体图形   C. 平面图形

(5) 绘制图 3-24 的三视图,尺寸自定。

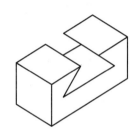

图 3-24 习题 4

2. 学习目标达成度的自我检查如表 3-2 所示。

自 我 检 查 表   表 3-2

序号	学 习 目 标	达成情况(在相应选项后打"√")		
		能	不能	如不能,是什么原因
1	掌握棱柱及切割体的视图画法			
2	掌握圆柱切割体的视图画法			
3	补视图中的缺线			

3. 日常表现性评价(由小组长或组员间互评)。

(1) 工作页填写情况( )。

    A. 填写完整   B. 缺填 0～20%   C. 缺填 20%～40%   D. 缺填 40% 以上

(2) 工作着装是否规范( )。

    A. 穿着校服,佩戴胸卡   B. 校服或胸卡缺一项

    C. 偶尔穿着校服,佩戴胸卡   D. 一直不穿着校服,不佩戴胸卡

(3) 是否达到全勤( )。

    A. 全勤   B. 缺勤 0～20%(请假)

    C. 缺勤 0～20%(旷课)   D. 缺勤 20% 以上

(4)总体印象评价(　　)。

    A.非常优秀　　　B.比较优秀　　　　C.有待改进　　　　D.急需改进

小组长签名：

                                年　　月　　日

4.教师总体评价。

(1)该同学所在小组整体印象评价(　　)。

    A.组长负责,组内学习气氛好

    B.组长能组织组员按要求完成学习任务,个别组员不能达成学习目标

    C.组内有30%以上的组员不能达成学习目标

    D.组内大部分组员不能达成学习目标

(2)对该同学整体印象评价：

教师签名：

                                年　　月　　日

★任务3 绘制相贯线的投影图

完成本学习任务后,你应当能:
1. 掌握相贯线的简化画法和应用;
2. 熟练绘制切割体视图。

在一些零件中会有两立体相交的情况,在两立体表面产生的交线称为相贯线。绘制图3-25 的相贯线。

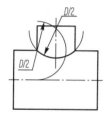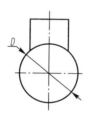

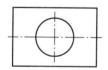

图3-25 相贯线

1. 相贯线概述。

(1)概念:两回转体相交,在表面上的交线称相贯线。

(2)性质。

①共有性:相贯线是相交两立体表面共有的线,是两立体表面一系列共有点的集合。

②封闭性:相贯线一般是封闭的空间曲线。

(3)注意事项。

①相贯线存在于物体的内、外表面;

②投影后的圆弧存在于非圆视图中;

③不等径正交时,相贯线为圆弧,且向大圆柱的轴线方向弯曲;

④等径正交时,相贯线为平面曲线——椭圆,投影后为直线。

图 3-26 所示为生活中常见的相贯线。

图 3-26 相贯线实际应用

2. 圆柱相贯线的简化画法(不等径正交时)。

(1)找特殊点 a' 和 b'(也为共有点之一);

(2)在非圆视图中以 a' 和 b' 分别为圆心,以大圆柱的半径为半径画弧,交于 o'(即相贯线圆弧的圆心);

(3)以 o' 为圆心,大圆柱半径为半径连接 $a'b'$,即得相贯线的投影。如图 3-27 所示。

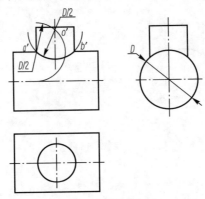

图 3-27 相贯线简化画法

 想 一 想

要是空心(即有孔)的相贯线怎么画?思考并完成图 3-28。

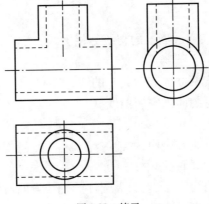

图 3-28 练习

任务实施

1. 小组讨论根据相关理论,补全图 3-29 中所缺线段。

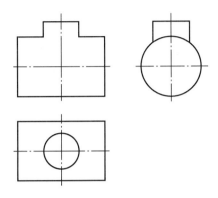

图 3-29　习题 1

2. 通过上面练习,完成图 3-30,思考异同点。

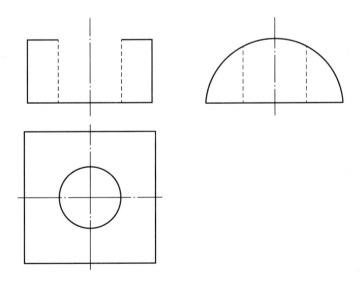

图 3-30　习题 2

拓展训练

1. 完成图 3-31。

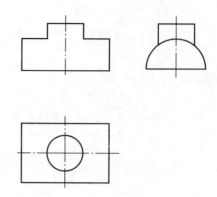

图 3-31　习题 3

2. 补充图 3-32 中缺线。

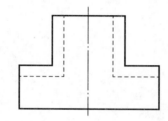 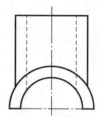

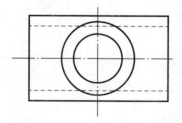

图 3-32　习题 4

评价反馈

1. 学习自测题。

（1）相贯线一般情况是一条封闭的（　　　）。

　　A. 平面图形　　　　　　B. 空间曲线　　　　　　C. 平面曲线

（2）不等径正交时，相贯线为（　　　），且向（　　　）的轴线方向弯曲。

　　A. 圆弧　　　　　　　　B. 直线　　　　　　　　C. 大圆柱　　　　　D. 小圆柱

（3）等径正交时，相贯线为（　　　），其形状为（　　　），投影后为（　　　）。

　　A. 直线　　　　　　　　B. 平面曲线　　　　　　C. 椭圆

2. 学习目标达成度的自我检查如表 3-3 所示。

自 我 检 查 表　　　　　　　　　　　　　　　　　　　表3-3

序号	学 习 目 标	达成情况（在相应选项后打"√"）		
		能	不能	如不能，是什么原因
1	掌握相贯线的简化画法和应用			
2	熟练绘制切割体视图			

3.日常表现性评价（由小组长或组员间互评）。

（1）工作页填写情况（　　　）。

　　　A.填写完整　　　B.缺填0～20%　　　C.缺填20%～40%　　　D.缺填40%以上

（2）工作着装是否规范（　　　）。

　　　A.穿着校服，佩戴胸卡　　　　　　　B.校服或胸卡缺一项

　　　C.偶尔穿着校服，佩戴胸卡　　　　　D.一直不穿着校服，不佩戴胸卡

（3）是否达到全勤（　　　）。

　　　A.全勤　　　　　　　　　　　　　　B.缺勤0～20%（请假）

　　　C.缺勤0～20%（旷课）　　　　　　　D.缺勤20%以上

（4）总体印象评价（　　　）。

　　　A.非常优秀　　　B.比较优秀　　　　C.有待改进　　　　D.急需改进

小组长签名：

　　　　　　　　　　　　　　　　　　　　　　　　　　　年　　　月　　　日

4.教师总体评价。

（1）该同学所在小组整体印象评价（　　　）。

　　　A.组长负责，组内学习气氛好

　　　B.组长能组织组员按要求完成学习任务，个别组员不能达成学习目标

　　　C.组内有30%以上的组员不能达成学习目标

　　　D.组内大部分组员不能达成学习目标

（2）对该同学整体印象评价：

教师签名：

　　　　　　　　　　　　　　　　　　　　　　　　　　　年　　　月　　　日

项目四 轴 测 图

任务1 轴测图的基本知识

完成本学习任务后,你应当能:
1. 掌握轴测图的绘制方法;
2. 理解轴测图的分类;
3. 叙述轴测图的基本性质和术语。

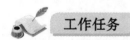

正确绘制长方体轴测图(图4-1)。

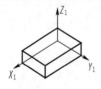

图4-1　长方体

1. 轴测图的形成,如图4-2所示。

将物体连同其坐标系,沿不平行于任一坐标平面的方向,用平行投影法投射在单一投影面上所得到的立体图形,称轴测图。

2. 基本术语。

(1)轴测投影面:单一投影面称为轴测投影面。

(2)轴测轴:OX、OY、OZ 叫轴测轴。

(3)轴间角:轴测轴之间的夹角。

(4)轴向线段:与轴测轴平行的线段。

(5)轴向伸缩系数:轴向线段与其实物相应线段的比(X 轴伸缩系数用 p 表示,Y 轴伸缩系数用 q 表示,Z 轴伸缩系数用 r 表示)。

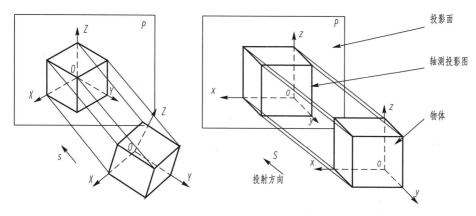

图 4-2　轴测图的形成

3. 分类。

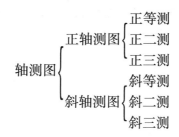

4. 轴测投影的基本性质。

（1）平行仍平行,相同且相同:物体上互相平行的线段在轴测投影中仍然平行,物体上与坐标轴平行的线段,其轴测投影具有与该相应轴测轴相同的轴向伸缩系数。

（2）类似性:物体上不平行于轴测投影面的平面图形,在轴测图上变成原形的类似性。

5. 正等测的规定,如图 4-3 所示:

（1）轴间角:$\angle XOY = \angle XOZ = \angle YOZ = 120°$。

（2）轴向伸缩系数:$p = q = r = 1$。

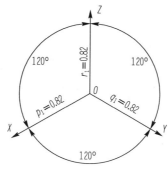

图 4-3　正等测轴间角

任务实施

1. 小组讨论长方体正等测图的画法,并根据图 4-4 中三视图绘制长方体的正等测图。

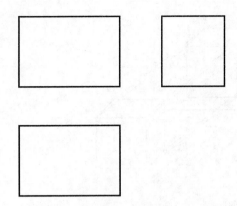

图 4-4 习题 1

2. 观察图 4-5 中的三视图,考虑正等测的画法,并试将正等测画在右侧。

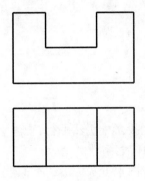

图 4-5 习题 2

 评价反馈

1. 学习自测题。

(1) 将物体连同其坐标系,沿不平行于任一坐标平面的方向,用(　　)投射在单一投影面上所得到的立体图形,称轴测图。

　　　　A. 正投影法 　　　　　　　　　B. 中心投影法 　　　　　　　　C. 平行投影法

(2) X 轴伸缩系数用(　　)表示。

　　　　A. p 　　　　　　　　　　　　B. q 　　　　　　　　　　　　C. r

(3) Y 轴伸缩系数用(　　)表示。

　　　　A. p 　　　　　　　　　　　　B. q 　　　　　　　　　　　　C. r

(4) Z 轴伸缩系数用(　　)表示。

　　　　A. p 　　　　　　　　　　　　B. q 　　　　　　　　　　　　C. r

(5) 物体上互相平行的线段在轴测投影后是(　　)关系。

　　　　A. 平行 　　　　　　　　　　　B. 垂直 　　　　　　　　　　　C. 倾斜

2. 学习目标达成度的自我检查如表 4-1 所示。

自 我 检 查 表   表 4-1

序号	学习目标	达成情况(在相应选项后打"√")		
		能	不能	如不能,是什么原因
1	掌握轴测图的绘制方法			
2	理解轴测图的分类			
3	叙述轴测图的基本性质和术语			

3. 日常表现性评价(由小组长或组员间互评)。

(1)工作页填写情况(   )。

    A. 填写完整   B. 缺填 0 ~ 20%   C. 缺填 20% ~ 40%   D. 缺填 40% 以上

(2)工作着装是否规范(   )。

    A. 穿着校服,佩戴胸卡   B. 校服或胸卡缺一项

    C. 偶尔穿着校服,佩戴胸卡   D. 一直不穿着校服,不佩戴胸卡

(3)是否达到全勤(   )。

    A. 全勤   B. 缺勤 0 ~ 20%(请假)

    C. 缺勤 0 ~ 20%(旷课)   D. 缺勤 20% 以上

(4)总体印象评价(   )。

    A. 非常优秀   B. 比较优秀   C. 有待改进   D. 急需改进

小组长签名:

                                    年   月   日

4. 教师总体评价。

(1)该同学所在小组整体印象评价(   )。

    A. 组长负责,组内学习气氛好

    B. 组长能组织组员按要求完成学习任务,个别组员不能达成学习目标

    C. 组内有 30% 以上的组员不能达成学习目标

    D. 组内大部分组员不能达成学习目标

(2)对该同学整体印象评价:

教师签名:

                                    年   月   日

任务2 正六棱柱及简单体的正等测

学习目标

完成本学习任务后,你应当能:

1. 掌握正等测的绘制方法和步骤;
2. 熟练地绘制正六棱柱的正等测图;
3. 绘制简单体的正等测图。

工作任务

1. 正确绘制正六棱柱(图4-6)的正轴测图。
2. 正确绘制简单体(图4-7)的正轴测图。

4-6 正六棱柱

图4-7 简单体

相关理论

1. 正六棱柱的正等测。

分析:

(1)上、下表面轴测投影后的类似形;

(2)找轴向线段;

(3)找相关点;

(4)上、下表面如何连接?

画法,如图4-8所示:

(1)定轴测原点,画轴测轴;

(2)在 X 轴上量取3、4;

(3)在 Y 轴上量取1、2;

(4)过1、2作 X 轴平行线,在其上取 G、H、E、F;

(5)连接3、4、G、H、E、F;

(6)过 E、3、G、H 作 Z 轴平行线,在各自上取相同高度 h;

(7)擦多余,描深。

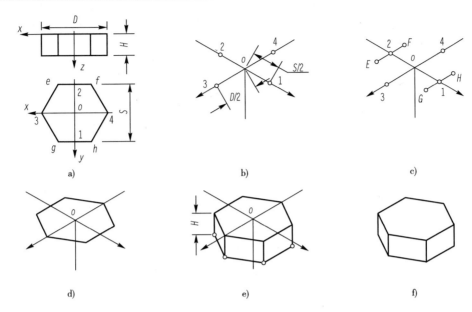

图 4-8 正六棱柱的正等测画法

2. 长方体的切割。

根据三视图绘制长方体切割的正等测图(图 4-9)。

(1)先画出长方体;

(2)根据主视图画出开槽;

(3)根据左视图画出切口;

(4)检查,描深。

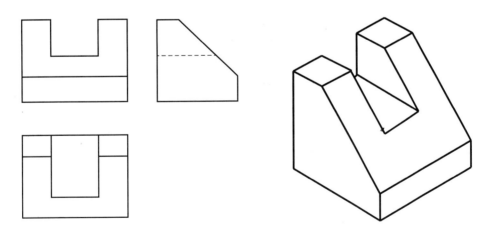

图 4-9 长方体切割的正等测

任务实施

根据所给视图绘制正六棱柱的正等测图(图 4-10)。

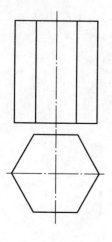

图 4-10   习题 1

 拓展训练

1. 正六棱柱切割后怎么绘制？根据图 4-11 所给的三视图绘制正六棱柱切割体。

（1）提示：正六棱柱切割体和完整正六棱柱的区别。

（2）注意：棱高的对应关系。

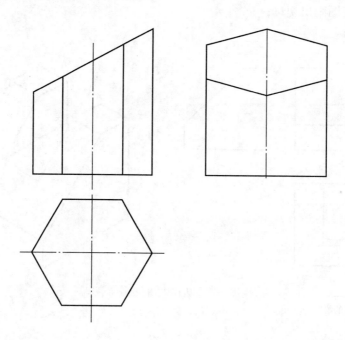

图 4-11   正六棱柱切割体三视图

2. 根据三视图绘制长方体的切割正等测图（图 4-12）。

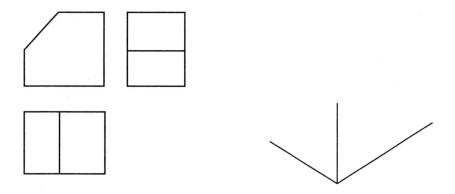

图 4-12 习题 2

 评价反馈

1.学习自测题。

根据三视图画轴测图(图 4-13)。

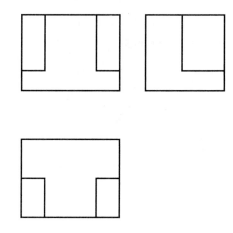

图 4-13 习题 3

2.学习目标达成度的自我检查如表 4-2 所示。

自 我 检 查 表   表 4-2

序号	学习目标	达成情况(在相应选项后打"√")		
		能	不能	如不能,是什么原因
1	掌握正等测的绘制方法和步骤			
2	熟练地绘制正六棱柱的正等测图			
3	绘制简单体的正等测图			

3.日常表现性评价(由小组长或组员间互评)。

(1)工作页填写情况(　　)。

    A. 填写完整　　B. 缺填 0~20%　　C. 缺填 20%~40%　　D. 缺填 40% 以上

(2)工作着装是否规范(　　)。

    A. 穿着校服,佩戴胸卡　　　　　　　　B. 校服或胸卡缺一项

    C. 偶尔穿着校服,佩戴胸卡　　　　　　D. 一直不穿着校服,不佩戴胸卡

(3)是否达到全勤(　　)。

    A. 全勤　　　　　　　　　　　　　　　B. 缺勤 0~20%(请假)

    C. 缺勤 0~20%(旷课)　　　　　　　　D. 缺勤 20% 以上

(4)总体印象评价(　　)。

    A. 非常优秀　　B. 比较优秀　　C. 有待改进　　　　D. 急需改进

小组长签名:

                                  年　　月　　日

4. 教师总体评价。

(1)该同学所在小组整体印象评价(　　)。

    A. 组长负责,组内学习气氛好

    B. 组长能组织组员按要求完成学习任务,个别组员不能达成学习目标

    C. 组内有 30% 以上的组员不能达成学习目标

    D. 组内大部分组员不能达成学习目标

(2)对该同学整体印象评价:

教师签名:

                                  年　　月　　日

任务3 圆柱及切割的正等测

完成本学习任务后,你应当能:

1. 掌握正等测的绘制方法和步骤;
2. 熟练地绘制圆柱的正等测图;
3. 绘制圆柱切割的正等测图。

工作任务

1. 正确绘制圆柱的正轴测图(图4-14)。
2. 正确绘制圆柱开槽的正轴测图(图4-15)。

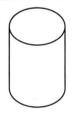

图4-14 圆柱体

图4-15 圆柱开槽

 相关理论

1. 圆柱的正等测(以俯视为圆为例)。

分析:

(1)上、下端面轴测投影后的类似形→椭圆。

(2)椭圆的画法:

圆心在哪? 半径如何找?

(3)下端面可见圆弧如何下移? 找关联点。

(4)上、下端面如何才成为一个整体?

画法,如图4-16所示。

(1)定轴测原点,画轴测轴(以视图中圆的半径为半径)交于六个点;

(2)画出顶面椭圆;

(3)画出底面椭圆的可见部分;

(4)画出上、下端面两椭圆的公切线;

(5)擦多余,描深。

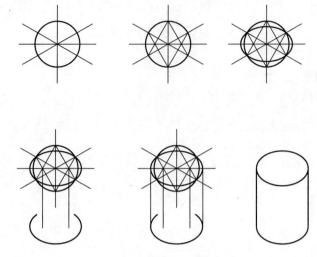

图 4-16　圆柱正等测

2. 圆柱开槽的正等测,如图 4-17 所示。

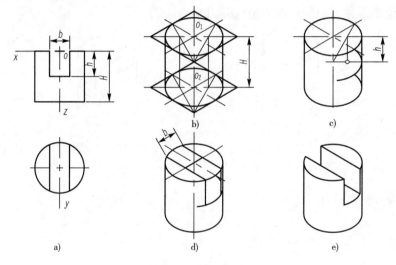

图 4-17　圆柱开槽正等测

做图:

(1)在正投影图上确定坐标系,如图 4-17a)所示。

(2)画轴测轴,用近似画法画出顶面椭圆。根据圆柱的高度尺寸 H 定出底面椭面的圆心位置 O_2。将各连接圆弧的圆心下移 H,圆弧与圆弧的切点也随之下移,然后做出底面近似椭圆的可见部分,如图 4-17b)所示。

(3)做上述两椭圆相切的圆柱面轴测投影的外形线。再由 h 定出槽口底面的中心,并按上述的移心方法画出槽口椭圆的可见部分,如图 4-17c)所示。做图时注意这一段椭圆由两段圆弧组成。

(4)根据宽度 b 画出槽口,如图 4-17d)所示。切割后的槽口如图 4-17e)所示。

(5)整理加深,即完成该立体的正等测图。

任务实施

1.根据所给视图绘制圆柱的正等测图(图4-18)。

2.根据视图画圆柱开槽的正等测图(图4-19)。

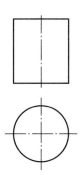 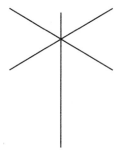

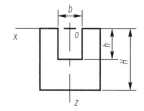

图4-18 习题1 图4-19 习题2

 拓展训练

若主视图是圆的圆柱呢？思考并完成下题。

根据视图绘制圆柱的正等测图(图4-20)。

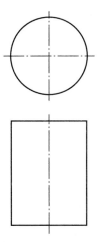

图4-20 练习

评价反馈

1.学习自测题。

(1)根据视图画正等测图(图4-21)。

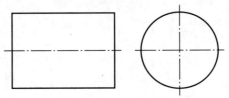

图4-21 习题3

(2)根据三视图画圆柱切口的正等测图(图4-22)。

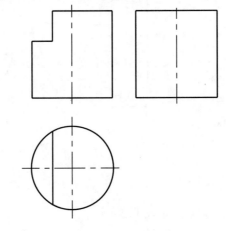

图4-22 习题4

2.学习目标达成度的自我检查如表4-3所示。

自 我 检 查 表　　　　　　　　　　　　　　　　表4-3

序号	学习目标	达成情况(在相应选项后打"√")		
		能	不能	如不能,是什么原因
1	掌握正等测的绘制方法和步骤			
2	熟练地绘制圆柱的正等测图			
3	绘制圆柱切割的正等测图			

3.日常表现性评价(由小组长或组员间互评)。

(1)工作页填写情况(　　)。

　　A.填写完整　　B.缺填0~20%　　C.缺填20%~40%　　D.缺填40%以上

(2)工作着装是否规范(　　)。

　　A.穿着校服,佩戴胸卡　　　　　　B.校服或胸卡缺一项

　　C.偶尔穿着校服,佩戴胸卡　　　　D.一直不穿着校服,不佩戴胸卡

(3)是否达到全勤(　　)。

A. 全勤   B. 缺勤 0～20%（请假）

C. 缺勤 0～20%（旷课）   D. 缺勤 20% 以上

(4) 总体印象评价（   ）。

A. 非常优秀   B. 比较优秀   C. 有待改进   D. 急需改进

小组长签名：

年　　月　　日

4. 教师总体评价。

(1) 该同学所在小组整体印象评价（   ）。

A. 组长负责，组内学习气氛好

B. 组长能组织组员按要求完成学习任务，个别组员不能达成学习目标

C. 组内有 30% 以上的组员不能达成学习目标

D. 组内大部分组员不能达成学习目标

(2) 对该同学整体印象评价：

教师签名：

年　　月　　日

任务4　绘制圆角及圆头板的正等测

完成本学习任务后,你应当能:

1.掌握正等测的绘制方法和步骤;

2.熟练地绘制圆角的正等测图;

3.熟练地绘制圆头板的正等测图。

　工作任务

1.正确绘制图4-23中圆角的正轴测图。

2.正确绘制图4-24中圆头板的正轴测图。

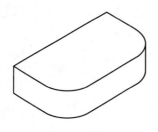

图4-23　圆角　　　　　　　　　图4-24　圆头板

　相关理论

1.圆角的正等测图的画法。

1/4的圆柱面,称为圆柱角(圆角)。圆角是零件上出现概率最多的工艺结构之一。圆角的正等测图是1/4椭圆弧。实际画圆角的正等测图时是采用简化画法,如图4-25所示。

(1)画出平板的轴测图并根据圆角半径R找出切点1、2、3、4;

(2)过切点1、2分别做相应棱的垂线的交点O_1,同样过切点3、4做相应的棱线的垂线的交点O_2;

(3)分别以O_1O_2为圆心以O_11、O_23为半径画弧;

(4)下移O_1、O_2平板的厚度再以与上面相同的半径分别画出两段圆弧,即得平板圆角的轴测图;

(5)在平板右端上、下圆弧的公切线、擦去多余作图线、描深,完成做图。

2.半圆头板的正等测,如图4-26所示。

画法:

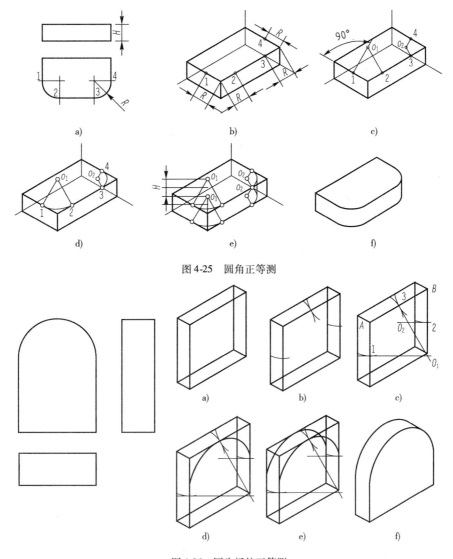

图 4-25 圆角正等测

图 4-26 圆头板的正等测

（1）画出长方体正等测图；

（2）分别以 A、B 为圆心以 R 为半径画弧交棱线于 1、2、3 点；

（3）分别过 1、2、3 点做各线的垂线交于 O_1、O_2 两点；

（4）分别以 O_1、O_2 为圆心以 $1O_1$、$3O_2$ 为半径画弧；

（5）把 O_1、O_2 分别向后移板厚，做相应圆弧，再做右端两圆弧的公切线；

（6）擦去多余作图线，描深加粗。

 任务实施

1. 根据图 4-27 所给视图绘制带有圆角的平板的正等测图。

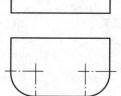

图 4-27 习题 1

2. 根据图 4-28 所给三视图绘制圆头板的正等测图。

图 4-28 习题 2

  评价反馈

1. 学习自测题。

根据图 4-29 所示三视图画轴测图。

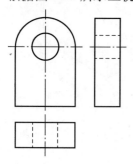

图 4-29 习题 3

2. 学习目标达成度的自我检查如表 4-4 所示。

自 我 检 查 表   表 4-4

序号	学习目标	达成情况(在相应选项后打"√")		
		能	不能	如不能,是什么原因
1	掌握正等测的绘制方法和步骤			
2	熟练地绘制圆角的正等测图			
3	熟练地绘制圆头板的正等测图			

3. 日常表现性评价(由小组长或组员间互评)。

(1)工作页填写情况(   )。

　　A.填写完整　　　B.缺填 0 ~ 20%　　　C.缺填 20% ~ 40%　　　D.缺填 40% 以上

(2)工作着装是否规范(   )。

　　A.穿着校服,佩戴胸卡　　　　　　　　B.校服或胸卡缺一项

　　C.偶尔穿着校服,佩戴胸卡　　　　　　D.一直不穿着校服,不佩戴胸卡

(3)是否达到全勤(   )。

　　A.全勤　　　　　　　　　　　　　　　B.缺勤 0 ~ 20% (请假)

　　C.缺勤 0 ~ 20% (旷课)　　　　　　　D.缺勤 20% 以上

(4)总体印象评价(   )。

　　A.非常优秀　　　B.比较优秀　　　　　C.有待改进　　　　　D.急需改进

小组长签名:

　　　　　　　　　　　　　　　　　　　　　　　　年　　　月　　　日

4. 教师总体评价。

(1)该同学所在小组整体印象评价(   )。

　　A.组长负责,组内学习气氛好

　　B.组长能组织组员按要求完成学习任务,个别组员不能达成学习目标

　　C.组内有 30% 以上的组员不能达成学习目标

　　D.组内大部分组员不能达成学习目标

(2)对该同学整体印象评价:

教师签名:

　　　　　　　　　　　　　　　　　　　　　　　　年　　　月　　　日

任务5　绘制斜二轴测图

完成本学习任务后,你应当能:

1. 掌握斜二测的规定和画法;

2. 熟练地绘制简单斜二测图。

 工作任务

1. 绘制带圆孔的六棱柱(图4-30)的斜二测图。

2. 正确绘制圆台(图4-31)的斜二测图。

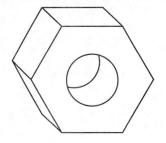　　　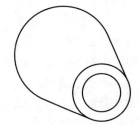

图4-30　带圆孔的六棱柱　　　　　　　　图4-31　圆台

 相关理论

1. 斜二测的规定,如图4-32所示。

(1)轴间角:$\angle XOZ = 90°$,$\angle XOY = \angle ZOY = 135°$($OY$轴与水平方向成$45°$)。

(2)轴向变形系数:$p = r = 1$,$q = 0.5$(宽减一半)。

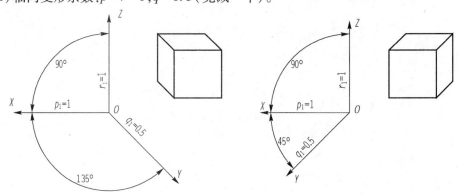

图4-32　斜二测轴间角

2.带圆孔的六棱柱(图4-33)。

(1)分析:主视图在V面上,图形不变,但在画与Y轴平行的宽度时要统一减一半。

(2)画法:

①定轴测原点画轴测轴;

②画前端面;

③顺着Y轴将圆心向后移$\frac{1}{2}Y$(对应宽度的一半);

④连接所取各点,只画出后端面可见部分;

⑤擦多余,描深。

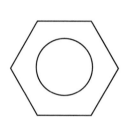 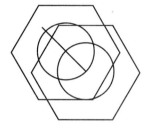 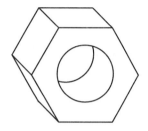

图4-33 带圆孔的六棱柱斜二测

3.圆台(图4-34)。

(1)分析:前后端面图形的联系点在圆心,注意通孔可见性。

(2)画法:

①定轴测原点画轴测轴;

②画前端面;

③顺着Y轴将圆心向后移$\frac{1}{2}Y$(对应宽度的一半);

④以向后移的圆心为圆心,以大圆的半径为半径画出后端面可见外轮廓,以内孔的半径为半径画孔的可见部分;

⑤画出前后端面的公切线;

⑥擦多余,描深。

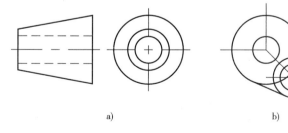 

a)   b)   c)

图4-34 圆台孔的斜二测

 任务实施

1.根据图4-35所给视图绘制带圆孔的六棱柱的斜二测图。

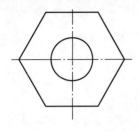

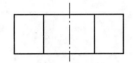

图 4-35　习题 1

2. 根据图 4-36 所给视图绘制圆台的斜二测图。

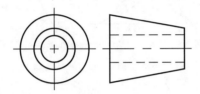

图 4-36　习题 2

评价反馈

1. 学习自测题。

根据图 4-37 所示的视图画斜二测图。

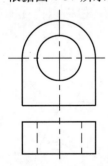

图 4-37　习题 3

2. 学习目标达成度的自我检查如表 4-5 所示。

自 我 检 查 表　　　　　　　　　　　　　　　　表 4-5

序号	学习目标	达成情况（在相应选项后打"√"）		
		能	不能	如不能,是什么原因
1	掌握斜二测的规定和画法			
2	熟练地绘制简单斜二测图			

3.日常表现性评价(由小组长或组员间互评)。

(1)工作页填写情况( )。

    A.填写完整   B.缺填0~20%   C.缺填20%~40%   D.缺填40%以上

(2)工作着装是否规范( )。

    A.穿着校服,佩戴胸卡   B.校服或胸卡缺一项

    C.偶尔穿着校服,佩戴胸卡   D.一直不穿着校服,不佩戴胸卡

(3)是否达到全勤( )。

    A.全勤   B.缺勤0~20%(请假)

    C.缺勤0~20%(旷课)   D.缺勤20%以上

(4)总体印象评价( )。

    A.非常优秀   B.比较优秀   C.有待改进   D.急需改进

小组长签名:

                                      年   月   日

4.教师总体评价。

(1)该同学所在小组整体印象评价( )。

    A.组长负责,组内学习气氛好

    B.组长能组织组员按要求完成学习任务,个别组员不能达成学习目标

    C.组内有30%以上的组员不能达成学习目标

    D.组内大部分组员不能达成学习目标

(2)对该同学整体印象评价:

教师签名:

                                        年   月   日

任务6　练习绘制简单体的轴测图

完成本学习任务后,你应当能:

1. 掌握轴测图的画法;
2. 熟练地绘制简单的轴测图。

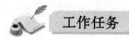

1. 绘制简单体的正等测图。
2. 绘制简单体的斜二测图。

相关理论

1. 根据前面学习的知识回答以下问题。

(1)轴测图是利用＿＿＿＿＿投影法将物体连同坐标轴投影到单一投影面上得到具有立体感的图形的。

(2)轴测图根据投影方法不同可将轴测图分为正轴测图和(　　)。

　　A. 正等测　　　　　　　　B. 斜二测　　　　　　　　C. 斜轴测图

(3)正轴测图是利用(　　)得到的轴测图。

　　A. 中心投影法　　　　　　B. 平行投影法　　　　　　C. 正投影法

(4)正等测规定,轴间角 $\angle XOZ$、$\angle XOY$、$\angle ZOY$ 分别为(　　)。

　　A. 60°、60°、60°　　　　B. 90°、90°、90°　　　　C. 120°、120°、120°

(5)正等测轴向伸缩系数分别为 $p = q = r = ($　　$)$。

　　A. 1　　　　　　　　　　B. 0.5　　　　　　　　　　C. 0.8

(6)斜二测的规定,轴间角 $\angle XOZ$、$\angle XOY$、$\angle ZOY$ 分别为(　　)。

　　A. 45°、90°、90°　　　　B. 90°、135°、135°　　　　C. 120°、120°、120°

(7)斜二测的规定,轴向变形系数 p、r、q 分别为(　　)。

　　A. $p = r = 1, q = 0.5$　　　　B. $p = q = 1$　　　　C. $p = q = 1, r = 0.5$

2. 绘制图4-38的轴测图。

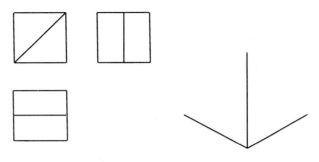

图 4-38　习题 1

任务实施

1. 根据图 4-39 所给视图绘制带圆孔的六棱柱的斜二测图。

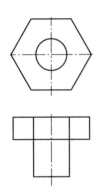

图 4-39　习题 2

2. 根据图 4-40 所给视图绘制圆台的斜二测图。

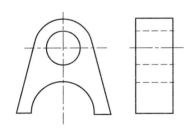

图 4-40　习题 3

评价反馈

1. 学习自测题。

根据图 4-41 所示的视图画斜二测图。

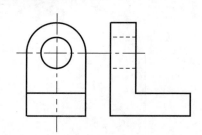

图 4-41　习题 4

2. 学习目标达成度的自我检查如表 4-6 所示。

自我检查表　　　　　　　　　　　　　　　　　　表 4-6

序号	学习目标	达成情况(在相应选项后打"√")		
		能	不能	如不能,是什么原因
1	掌握轴测图的画法			
2	熟练地绘制简单的轴测图			

3. 日常表现性评价(由小组长或组员间互评)。

(1)工作页填写情况(　　　)。

　　A. 填写完整　　　B. 缺填 0~20%　　　C. 缺填 20%~40%　　　D. 缺填 40% 以上

(2)工作着装是否规范(　　　)。

　　A. 穿着校服,佩戴胸卡　　　　　　　B. 校服或胸卡缺一项

　　C. 偶尔穿着校服,佩戴胸卡　　　　　D. 一直不穿着校服,不佩戴胸卡

(3)是否达到全勤(　　　)。

　　A. 全勤　　　　　　　　　　　　　　B. 缺勤 0~20%(请假)

　　C. 缺勤 0~20%(旷课)　　　　　　　D. 缺勤 20% 以上

(4)总体印象评价(　　　)。

　　A. 非常优秀　　　B. 比较优秀　　　C. 有待改进　　　D. 急需改进

小组长签名:

　　　　　　　　　　　　　　　　　　　　　　年　　月　　日

4. 教师总体评价。

(1)该同学所在小组整体印象评价(　　　)。

　　A. 组长负责,组内学习气氛好

　　B. 组长能组织组员按要求完成学习任务,个别组员不能达成学习目标

　　C. 组内有 30% 以上的组员不能达成学习目标

　　D. 组内大部分组员不能达成学习目标

(2)对该同学整体印象评价:

教师签名:

　　　　　　　　　　　　　　　　　　　　　　年　　月　　日

项目五 组 合 体

★任务1 绘制支座三视图

 学习目标

完成本学习任务后,你应当能:

1. 掌握组合形式和各连接形式的画法;
2. 掌握叠加式组合体的画法步骤;
3. 熟练地绘制叠加式组合体的视图;
4. 培养细心、耐心、静心的绘图习惯。

 工作任务

企业接到了一个支座(图 5-1)的订单,需要你画出它的三视图。

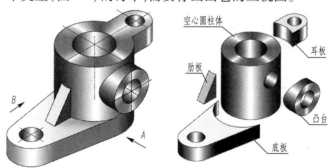

图 5-1 支座图

 相关理论

1. 组合形式。

(1)组合体的形成。

几个基本体经过叠加或一个基本体经过切割后形成的形体,称为组合体。

(2)组合形式:叠加式和切割式。

2. 表面连接关系。

(1)错开:当两个基本体表面平行且错开时,必须画出它们的分界线。

(2)平齐:当两个基本体表面平齐时,两表面为共面。在视图上两基本体之间无界限。

(3)相交:两表面相交时,在相交的表面产生不同形式的交线。

(4)相切:相切处光滑过渡时,无分界线。

公切线垂直于投影面时,有分界线。

3.形体分析法。

4.选择视图。

(1)能反映机件的形状特征。

(2)尽量减少绘图时的虚线。

(3)选择长度大于宽度。

5.画图步骤。

(1)选择适当的比例和图幅。

(2)定视图位置及布局,定基线。

(3)画底稿。

①画主要形体:直立空心圆柱体。②画凸台。③画底板。④画肋板和耳板。⑤检查正误并修改。

(4)擦除多余,描深。

注意:画图时遵循先主后次,先可见后不可见,先大后小的原则。

 想 一 想

1.组合形式有_____和_____。

2.表面连接关系有_____、_____、_____和_____。

3.选择视图的原则有_____、_____和_____。

4.画图时先_____后_____,先_____后_____,先_____后_____。

任务实施

1.准备工具:_____。

2.观察图5-1,小组讨论画图步骤(把步骤写在下面)。

3.操作提示:

(1)绘图要静下心来;

(2)注意各表面连接关系的画法。

4. 画出图 5-1 所示的支座的三视图。

 评价反馈

1. 同桌之间互相提问表面连接关系。
2. 学习目标达成度的自我检查如表 5-1 所示。

自 我 检 查 表

表 5-1

序号	学习目标	达成情况（在相应选项后打"√"）		
		能	不能	如不能,是什么原因
1	掌握组合形式和各连接形式的画法			
2	掌握叠加式组合体的画法步骤			
3	熟练地绘制叠加式组合体的视图			

3. 日常表现性评价（由小组长或组员间互评）。

（1）工作页填写情况（　　　）。

　　A. 填写完整　　　B. 缺填 0~20%　　　C. 缺填 20%~40%　　　D. 缺填 40% 以上

（2）工作着装是否规范（　　　）。

　　A. 穿着校服,佩戴胸卡　　　　　　　　B. 校服或胸卡缺一项

　　C. 偶尔穿着校服,佩戴胸卡　　　　　　D. 一直不穿着校服,不佩戴胸卡

（3）是否达到全勤（　　　）。

　　A. 全勤　　　　　　　　　　　　　　　B. 缺勤 0~20%（请假）

　　C. 缺勤 0~20%（旷课）　　　　　　　　D. 缺勤 20% 以上

（4）总体印象评价（　　　）。

　　A. 非常优秀　　　B. 比较优秀　　　C. 有待改进　　　　D. 急需改进

小组长签名:

年　　　月　　　日

4. 教师总体评价。

（1）该同学所在小组整体印象评价（　　　）。

　　A. 组长负责,组内学习气氛好

　　B. 组长能组织组员按要求完成学习任务,个别组员不能达成学习目标

　　C. 组内有 30% 以上的组员不能达成学习目标

　　D. 组内大部分组员不能达成学习目标

（2）对该同学整体印象评价:

教师签名:

年　　　月　　　日

★任务 2　绘制垫块三视图

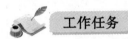

完成本学习任务后,你应当能:

1. 叙述面形分析法的定义;
2. 掌握切割式组合体三视图的画法;
3. 根据轴测图熟练地绘制出垫块的三视图;
4. 培养细心、耐心、静心的绘图习惯。

工作任务

企业接到了一个垫块(图 5-2)的订单,需要你画出它的三视图。

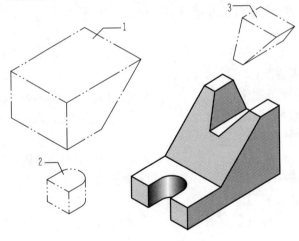

图 5-2　垫块

相关理论

1. 面形分析法。

切割型组合体视图的画法可在形体分析的基础上,结合面形分析法做图。所谓面形分析法,是根据表面的投影特征来分析组合体表面的性质、形状和相对位置进行画图和读图的方法。

2. 垫块的画法和注意事项。

（1）画法。

①分析切割顺序：

先切口——→圆槽——→梯形槽。

②按特征逐个画。

③依投影找对等。

④擦除多余，描深。

（2）注意事项：

①画每次切割时，先画反映形体特征轮廓且具有积聚性投影的视图，再按投影关系画出其他视图；

②注意切口截面投影的类似性。

 想 一 想

1. 切割型组合体视图的画法可在＿＿＿＿＿＿＿＿的基础上，结合＿＿＿＿＿＿＿＿法作图。

2. 所谓面形分析法，是根据＿＿＿＿＿＿＿＿来分析组合体表面的性质、形状和相对位置进行画图和读图的方法。

3. 画每次切割时，先画反映形体特征轮廓且具有＿＿＿＿＿＿＿＿投影的视图。

4. 注意切口截面投影的＿＿＿＿＿＿＿＿。

 任务实施

1. 准备工具：＿＿＿＿＿＿＿＿。

2. 观察图5-3，小组讨论画图步骤（把步骤写在下面）。

3. 操作提示：

（1）绘图要静下心来；

（2）注意投影的积聚性的分析。

4. 画出垫块的三视图（图5-3）。

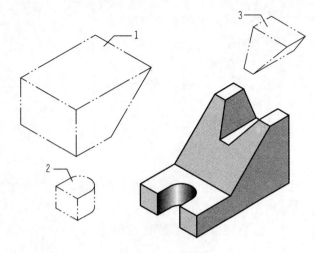

图 5-3　垫块组合体

 拓展训练

1. 画出下面零件的三视图,尺寸自定(图 5-4)。

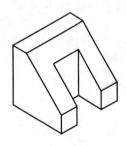

图 5-4　习题 1

2. 画出下面零件的三视图,尺寸自定(图 5-5)。

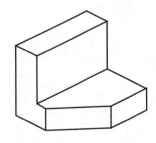

图 5-5　习题 2

3. 根据轴测图补全三视图(图 5-6)。

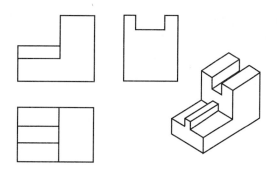

图5-6 习题3

 评价反馈

1.补全三视图(图5-7)。

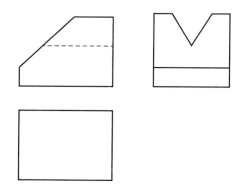

图5-7 习题4

2.学习目标达成度的自我检查如表5-2所示。

自 我 检 查 表   表5-2

序号	学习目标	达成情况(在相应选项后打"√")		
		能	不能	如不能,是什么原因
1	叙述面形分析法的定义			
2	掌握切割式组合体三视图的画法			
3	根据轴测图绘制出垫块的三视图			

3.日常表现性评价(由小组长或组员间互评)。

(1)工作页填写情况( )。

    A.填写完整   B.缺填0～20%   C.缺填20%～40%   D.缺填40%以上

(2)工作着装是否规范( )。

A. 穿着校服, 佩戴胸卡　　　　　　　B. 校服或胸卡缺一项

C. 偶尔穿着校服, 佩戴胸卡　　　　　D. 一直不穿着校服, 不佩戴胸卡

(3) 是否达到全勤(　　)。

A. 全勤　　　　　　　　　　　　　B. 缺勤 0～20%(请假)

C. 缺勤 0～20%(旷课)　　　　　　D. 缺勤 20% 以上

(4) 总体印象评价(　　)。

A. 非常优秀　　B. 比较优秀　　　C. 有待改进　　　　D. 急需改进

小组长签名：

年　　月　　日

4. 教师总体评价。

(1) 该同学所在小组整体印象评价(　　)。

A. 组长负责, 组内学习气氛好

B. 组长能组织组员按要求完成学习任务, 个别组员不能达成学习目标

C. 组内有 30% 以上的组员不能达成学习目标

D. 组内大部分组员不能达成学习目标

(2) 对该同学整体印象评价：

教师签名：

年　　月　　日

★任务3 标注支座的尺寸

完成本学习任务后,你应当能:

1.叙述组合体尺寸标注的基本要求和标注顺序;

2.标注各基本体的尺寸;

3.掌握支座组合体视图的标注步骤;

4.熟练地标注支座三视图的尺寸。

工作任务

企业接到了一个支座(图5-8)的订单,工程师已经画完了它的三视图,需要你标出它的尺寸。

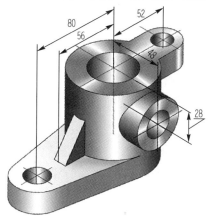

图5-8 支座轴测图

 相关理论

1.尺寸标注的基本要求。

(1)正确:标注的尺寸数值应准确无误,标注方法要符合国家标准中有关尺寸注法的基本规定。

(2)齐全:标注尺寸必须能唯一确定形体的大小和相对位置,做到无遗漏、不重复、不多余。

(3)清晰:尺寸的布局要整齐、清晰,便于查找和看图。

2.基本体的尺寸标注(汽车选学)。

(1)平面体(图5-9)。

①根据具体形状标注。

②正六棱柱两种标注。

a.标对角的尺寸;

b. 标对边的尺寸—常用尺寸。

注:对角尺寸作为参考尺寸时加括号。

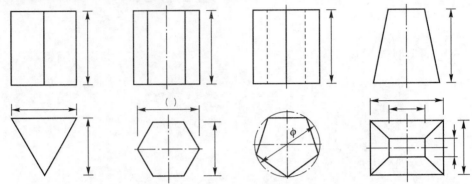

图 5-9 平面体尺寸标注

（2）曲面体（图 5-10）。

①一般标底圆直径和高度尺寸。

②当完整标注曲面体后,只要用一个视图就能确定大小,其他图可省略。

③球面的标注在直径或半径前加 S 表示。

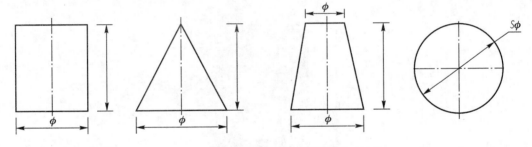

图 5-10 曲面体尺寸标注

（3）带切口形体的尺寸标注（图 5-11）。

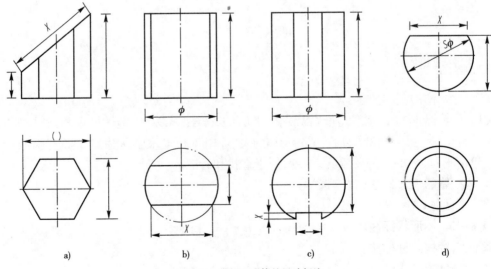

a)   b)   c)   d)

图 5-11 带切口形体的尺寸标注

①标注基本形体的尺寸。

②确定截平面的位置尺寸。

③不能在交线上标注尺寸。

3.组合体尺寸标注顺序。

（1）尺寸的类型。

①定形尺寸：确定组合体中各基本形体大小的尺寸。

②定位尺寸：确定组合体中各基本形体之间相对位置的尺寸。

注意：确定尺寸位置的几何元素称为尺寸基准。组合体的尺寸基准，常选用其底面、重要的端面、对称平面、回转体的轴线以及圆的中心线等作为尺寸基准。

③总体尺寸：确定组合在长、宽、高三个方向的总长、总宽和总高尺寸。

注意：总体尺寸不一定全标。

（2）标注顺序：定形→定位→总体。

4.组合体尺寸标注要求。

（1）尺寸齐全：不遗漏、不重复，按顺序标注。

（2）尺寸清晰。

①突出特征：把尺寸标在特征图上。

②相对集中：有联系的尺寸集中标注，便于查找。

③布局整齐：标在两图之间，便于对照，同方向尺寸标注时遵循里小外大不交叉的原则。

5.标注实例（支座）。

（1）确定支座长、宽、高三个方向主要基准。

（2）标注定位尺寸：从组合体长、宽、高三个方向的主要基准和辅助基准出发依次注出各基本形体的定位尺寸。如图5-12所示，标注出80、56、52，确定底板和耳板相对于圆筒的左

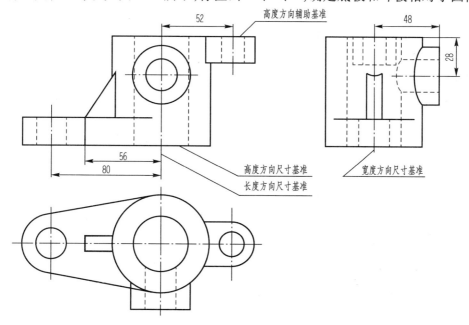

图5-12 支座的尺寸基准和定位尺寸

右位置;在宽度和高度方向上标注出48、28,确定凸台相对于圆筒的上下和前后位置。

（3）标注定形尺寸:依次标注支座各组成部分的定形尺寸,如图5-13所示。

（4）标注总体尺寸:为了表示组合体外形的总长、总宽和总高,应标注相应的总体尺寸。如图5-14所示,支座的总高尺寸为80,它也是圆筒的高度尺寸;因为已标注了定位尺寸80以及圆弧半径 $R52$ 和 $R16$ 后,不再标注总长（$80+52+22+16=170$）,左视图上标注了定位尺寸48后,不再标注总宽（$48+72/2=84$）。

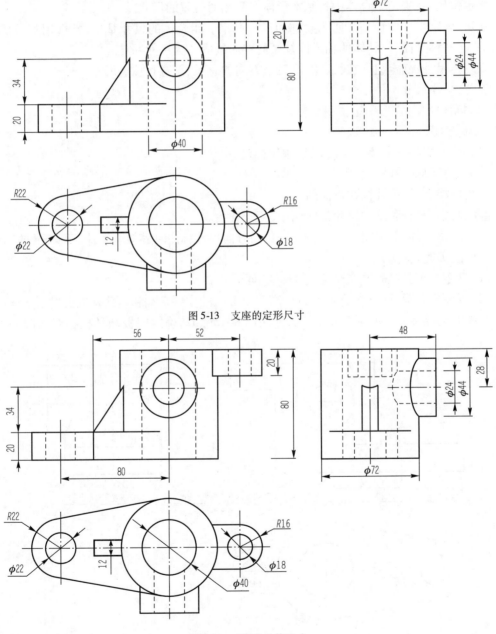

图 5-13　支座的定形尺寸

图 5-14　支座的总体尺寸

想 一 想

1.尺寸标注的基本要求有_____、_____和_____。

2.定形尺寸表示组合体中各基本形体_____的尺寸。

3.定位尺寸表示组合体中各基本形体之间_____的尺寸。

4.组合体尺寸标注的顺序是先标_____,再标_____,最后标_____。

任务实施

1.准备工具:_____。

2.操作提示:

(1)标注图形要静下心来。

(2)注意标注基准分析。

3.标出支座三视图的尺寸(图5-15)。

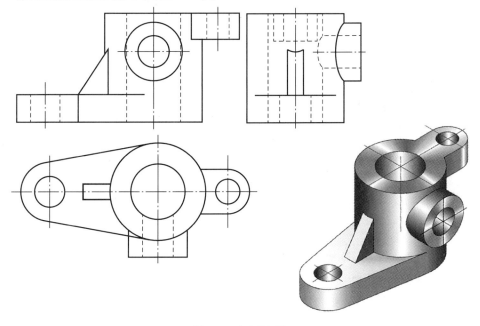

图5-15 支座的标注

拓展训练

1.如图5-16所示,标注出各平面体的尺寸(以实际测量为主,取整数)(汽车选学)。

2.如图5-17所示,标注出各曲面体的尺寸(以实际测量为主,取整数)(汽车选学)。

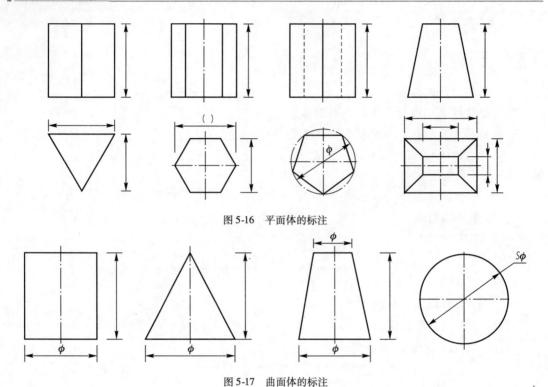

图 5-16　平面体的标注

图 5-17　曲面体的标注

 评价反馈

1. 同桌之间互相叙述尺寸标注的基本要求。

2. 学习目标达成度的自我检查如表 5-3 所示。

自 我 检 查 表　　　　　　　　　　　　　　表 5-3

序号	学习目标	达成情况(在相应选项后打"√")		
		能	不能	如不能,是什么原因
1	叙述组合体尺寸标注的基本要求和标注顺序			
2	标注各基本体的尺寸			
3	掌握支座组合体视图的标注步骤			
4	熟练地标注支座三视图的尺寸			

3. 日常表现性评价(由小组长或组员间互评)。

(1) 工作页填写情况(　　)。

　　A. 填写完整　　B. 缺填 0 ~ 20%　　C. 缺填 20% ~ 40%　　D. 缺填 40% 以上

(2) 工作着装是否规范(　　)。

　　A. 穿着校服,佩戴胸卡　　　　　　　B. 校服或胸卡缺一项

　　C. 偶尔穿着校服,佩戴胸卡　　　　　D. 一直不穿着校服,不佩戴胸卡

(3) 是否达到全勤(　　)。

　　A. 全勤　　　　　　　　　　　　　　B. 缺勤 0 ~ 20% (请假)

C. 缺勤 0～20%（旷课）　　　　D. 缺勤 20% 以上

(4) 总体印象评价(　　　)。

A. 非常优秀　　B. 比较优秀　　　C. 有待改进　　　　D. 急需改进

小组长签名：

年　　月　　日

4. 教师总体评价。

(1) 该同学所在小组整体印象评价(　　　)。

A. 组长负责,组内学习气氛好

B. 组长能组织组员按要求完成学习任务,个别组员不能达成学习目标

C. 组内有 30% 以上的组员不能达成学习目标

D. 组内大部分组员不能达成学习目标

(2) 对该同学整体印象评价：

教师签名：

年　　月　　日

任务4 识读轴承座三视图

完成本学习任务后,你应当能:

1. 掌握读图的基本要领和方法;
2. 掌握线和线框的含义;
3. 熟练地用形体分析法识读组合体视图。

 工作任务

企业接到了一个轴承座的订单,工程师把图纸送到了车间,需要你根据三视图画出零件的正等测图,以方便其他工人看图加工零件(图5-18)。

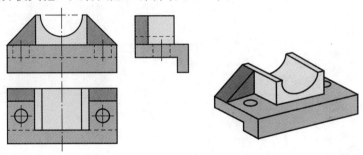

图5-18 轴承座

 相关理论

1. 读图的基本要领。

(1)几个视图联系起来读图。

在机械图样中,机件的形状一般是通过几个视图来表达的,每个视图只能反映机件一个方向的形状,如图5-19所示。

(2)明确视图中线框和图线的含义(图5-20)。

①一个封闭的线框:

d′——表示一个基本体。

a′/b′/c′——表示物体的一个面(平面、曲面、组合面或孔洞)。

②相邻的两个线框:

d′/a′——表示相邻两基本体的投影。

a′/b′——表示相交两表面的投影。

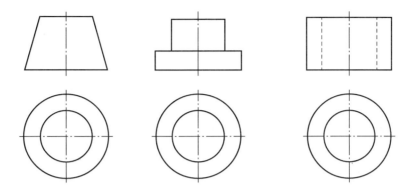

图 5-19 一个视图不能唯一确定物体形状的示例

d′/a′——表示同向错位的两表面的投影。

③大线框内的封闭线框:a/d——表示物体凹凸部分的投影。

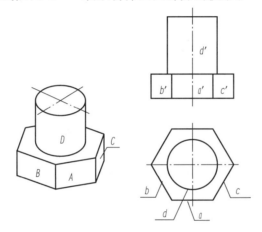

图 5-20 视图中线框和图线的含义

总结:

①图线的含义 $\begin{cases} 积聚性投影 \\ 两平面交线的投影 \\ 曲面转向轮廓线 \end{cases}$

②线框的含义(图 5-21) $\begin{cases} 每一个封闭线框表示一个表面 \\ 相邻两个线框表示两表面相交 \\ 大线框中有小线框表示错开 \end{cases}$

(3)善于构思物体的形状。

2.读图的基本方法。

(1)形体分析法。

①画线框,分形体。

②对投影,想形状。

按照长对正、高平齐、宽相等的投影关系,从每一基本形体的特征视图开始,找出另外两个投影,想象出每一基本形体的形状。

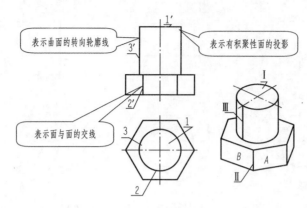

图 5-21　线框的含义

③合起来,想整体。

根据各基本形体所在的方位,确定各部分之间的相互位置及组合形式,从而想象出整体形状。

(2)面形分析法。

①看图时,在应用形体分析法的基础上,对一些较难看懂的部分,特别是对切割型组合体的被切割部位,还要根据线面的投影特性,分析视图中线和线框的含义,弄清组合体表面的形状和相对位置,综合起来想象出组合体的形状。这种看图方法称为线面分析法。

②线面分析法的看图的特点是:从面出发,在视图上分线框。

③先分析整体形状,再分析细节部分,从某一视图上划分线框,并根据投影关系,在另外两个视图上找出与其对应的线框或图线,确定线框所表示的面的空间形状和对投影面的相对位置。

3.形体分析法的步骤。

(1)画线框,分形体。

(2)对投影,想形状。

(3)合起来,想整体。

4.例题讲解(图 5-22 ~ 图 5-24)。

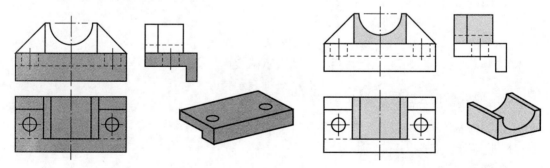

图 5-22　凹字形向下的立体　　　　图 5-23　半圆槽的形体

(1)从主视图入手,划分四个线框,四个部分。

(2)——对投影,想形状。

①线框 1:凹字形→左视图→长方形 + 虚线。

②线框 2：a. 线框 1 后端面共面；
　　　　　b. 左视图→长方形 + 虚线。
③线框 3 和 4：a. 两个左右对称的三棱柱；
　　　　　　b. 左视图→长方形。

（3）合起来，根据位置想整体，如图 5-22、图 5-23、图 5-24 所示。

①线框 1：整个形体下方，凹字形向下的立体。

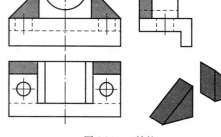

图 5-24　三棱柱

②线框 2：在 1 上中间位置，与后端面平齐的开半圆槽的形体。

③线框 3：后端面均共面，位于线框 2 左右对称的两个三棱柱。

想 一 想

1. 读图的基本要领有_____和_____。
2. 图线的含义有_____、_____和_____。
3. 线框的含义有_____、_____和_____。
4. 读图的基本方法有_____和_____。
5. 形体分析法的步骤有_____、_____和_____。

任务实施

1. 准备工具：_____。
2. 观察图 5-18，小组讨论识图步骤（把步骤写在下面）。

3. 识读轴承座的三视图，并画出正等测图（图 5-18）。

评价反馈

1.同桌之间提问组合体视图的识读要领和基本方法。

2.学习目标达成度的自我检查如表5-4所示。

自 我 检 查 表   表5-4

序号	学 习 目 标	达成情况(在相应选项后打"√")		
		能	不能	如不能,是什么原因
1	掌握读图的基本要领和方法			
2	掌握线和线框的含义			
3	熟练地用形体分析法识读组合体视图			

3.日常表现性评价(由小组长或组员间互评)。

(1)工作页填写情况(　　　)。

  A.填写完整　　　　B.缺填0~20%　　　C.缺填20%~40%　　　D.缺填40%以上

(2)工作着装是否规范(　　　)。

  A.穿着校服,佩戴胸卡　　　　　　　　B.校服或胸卡缺一项

  C.偶尔穿着校服,佩戴胸卡　　　　　　D.一直不穿着校服,不佩戴胸卡

(3)是否达到全勤(　　　)。

  A.全勤　　　　　　　　　　　　　　B.缺勤0~20%(请假)

  C.缺勤0~20%(旷课)　　　　　　　D.缺勤20%以上

(4)总体印象评价(　　　)。

  A.非常优秀　　　　B.比较优秀　　　　C.有待改进　　　　D.急需改进

小组长签名:

              年　　月　　日

4.教师总体评价。

(1)该同学所在小组整体印象评价(　　　)。

  A.组长负责,组内学习气氛好

  B.组长能组织组员按要求完成学习任务,个别组员不能达成学习目标

  C.组内有30%以上的组员不能达成学习目标

  D.组内大部分组员不能达成学习目标

(2)对该同学整体印象评价:

教师签名:

              年　　月　　日

任务5 识读切割体的三视图

完成本学习任务后,你应当能:

1. 叙述面形分析法的定义和看图特点;

2. 掌握面形分析法的看图步骤;

3. 熟练地用面形分析法识读组合体视图。

 工作任务

企业接到了一个压块的订单,工程师把图纸送到了车间,需要你根据三视图画出零件的正等测图,以方便其他工人看图加工零件(图5-25)。

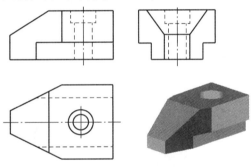

图 5-25 压板

 相关理论

1. 用面形分析法读图。

看图时,在应用形体分析法的基础上,对一些较难看懂的部分,特别是对切割型组合体的被切割部位,还要根据线面的投影特性,分析视图中线和线框的含义,弄清组合体表面的形状和相对位置,综合起来想象出组合体的形状。这种看图方法称为线面分析法。

线面分析法看图的特点是:从面出发,在视图上分线框。

(1)分析面的形状:

当基本体或不完整的基本体被投影面垂直面切割时,与其倾斜的投影面上为类似形。

(2)分析面的相对位置:

根据线框的可见性,判定面的相对位置。

2. 例题讲解(图5-26)。

(1)先分析整体形状,压块三个视图的轮廓基本上都是矩形,所以它的原始形体是个长方体。再分析细节部分,压块的右上方有一阶梯孔,其左上方和前后面分别被切掉一角。

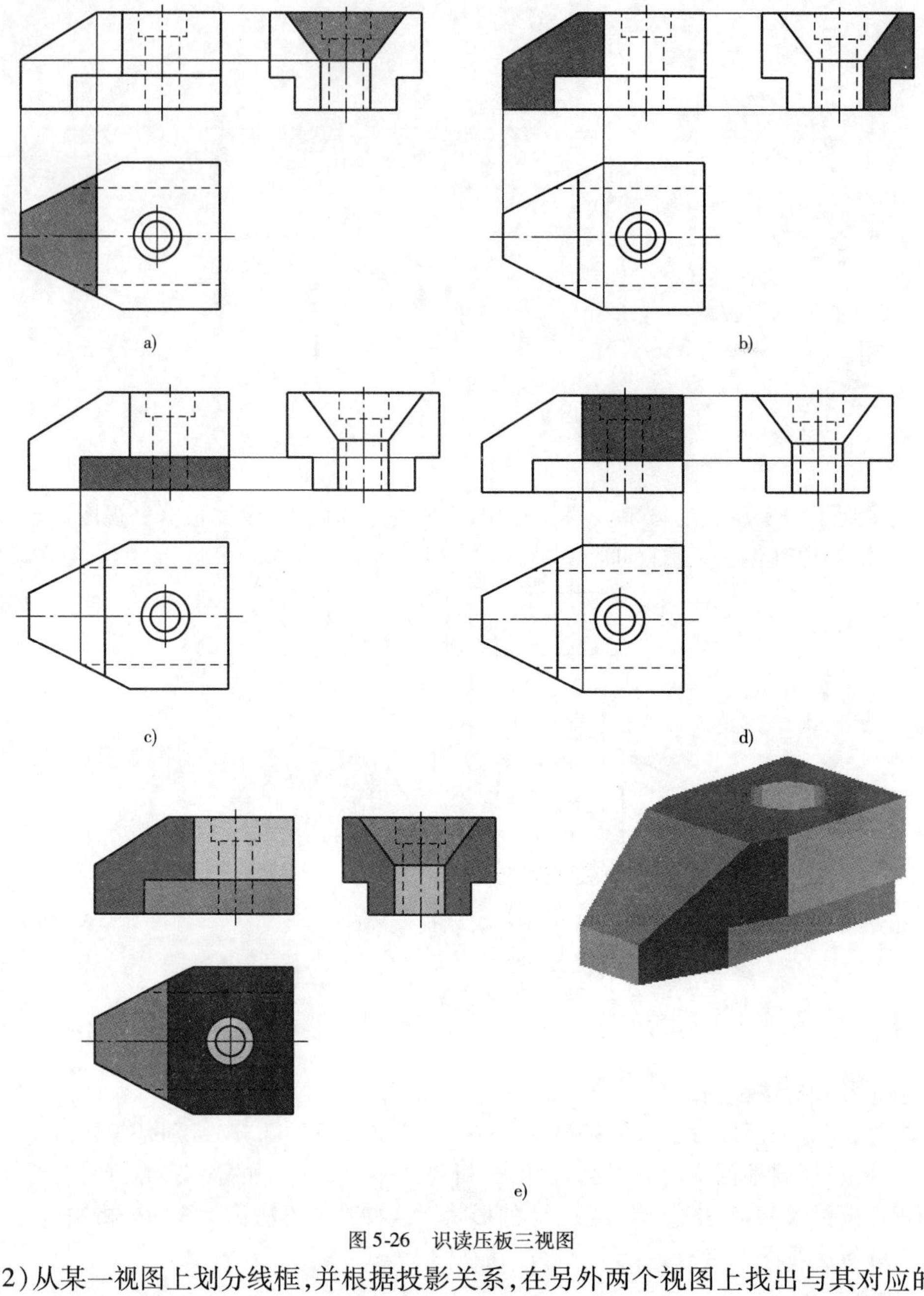

a)

b)

c)

d)

e)

图 5-26　识读压板三视图

(2)从某一视图上划分线框,并根据投影关系,在另外两个视图上找出与其对应的线框或图线,确定线框所表示的面的空间形状和对投影面的相对位置。

①压块左上方的缺角:在俯、左视图上相对应的等腰梯形线框,在主视图上与其对应的投影是一倾斜的直线,如图 5-26a)所示。

②压块左前方、后对称的缺角:在主、左视图上方对应的投影七边形线框,在俯视图上与其对应的投影为一倾斜直线,如图 5-26b)所示。

③压块下方前、后对称的缺块:它们是由两个平面切割而成,如图5-26c)所示。

④这样,既从形体上,又从线面的投影上,弄清了压块的三视图,综合起来,便可想象出压块的整体形状,如图5-26d)、e)所示。

想 一 想

1.看图时,在应用_____的基础上,对一些较难看懂的部分,特别是对切割型组合体的被切割部位,还要根据_____的投影特性,分析视图中_____的含义,弄清组合体表面的形状和相对位置,综合起来想象出组合体的形状。这种看图方法为线面分析法。

2.线面分析法看图的特点是_____和_____。

3.当基本体或不完整的基本体被投影面垂直面切割时,与其倾斜的投影面上为_____。

4.根据线框的_____,判定面的相对位置。

任务实施

1.准备工具:_____。

2.观察图5-25,小组讨论识图步骤(把步骤写在下面)。

3.识读压块的三视图(图5-25),并画出正等测图。

拓展训练

1. 参考图 5-27，识读三视图，并将看出的组合体轴测图画在右边。

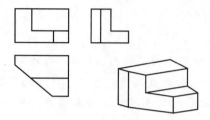

图 5-27　切割体视图 1

2. 参考图 5-28，识读三视图，并将看出的组合体轴测图画在右边。

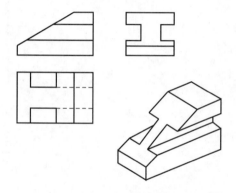

图 5-28　切割体视图 2

3. 参考图 5-29，识读三视图，并将看出的组合体轴测图画在右边。

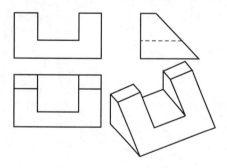

图 5-29　切割体视图 3

 评价反馈

1. 同桌之间互相提问面形分析法的定义和识图步骤。

2. 学习目标达成度的自我检查如表 5-5 所示。

自 我 检 查 表   表 5-5

序号	学习目标	达成情况（在相应选项后打"√"）		
		能	不能	如不能，是什么原因
1	叙述面形分析法的定义和看图特点			
2	掌握面形分析法的看图步骤			
3	熟练地用面形分析法识读组合体视图			

3. 日常表现性评价（由小组长或组员间互评）。

（1）工作页填写情况（　　　）。

　　A. 填写完整　　B. 缺填 0 ~ 20%　　C. 缺填 20% ~ 40%　　D. 缺填 40% 以上

（2）工作着装是否规范（　　　）。

　　A. 穿着校服，佩戴胸卡　　　　　　B. 校服或胸卡缺一项

　　C. 偶尔穿着校服，佩戴胸卡　　　　D. 一直不穿着校服，不佩戴胸卡

（3）是否达到全勤（　　　）。

　　A. 全勤　　　　　　　　　　　　　B. 缺勤 0 ~ 20%（请假）

　　C. 缺勤 0 ~ 20%（旷课）　　　　　D. 缺勤 20% 以上

（4）总体印象评价（　　　）。

　　A. 非常优秀　　B. 比较优秀　　C. 有待改进　　　　D. 急需改进

小组长签名：

　　　　　　　　　　　　　　　　　　　　　　年　　月　　日

4. 教师总体评价。

（1）该同学所在小组整体印象评价（　　　）。

　　A. 组长负责，组内学习气氛好

　　B. 组长能组织组员按要求完成学习任务，个别组员不能达成学习目标

　　C. 组内有 30% 以上的组员不能达成学习目标

　　D. 组内大部分组员不能达成学习目标

（2）对该同学整体印象评价：

教师签名：

　　　　　　　　　　　　　　　　　　　　　　年　　月　　日

★任务6 绘制两个切割体的三视图

完成本学习任务后,你应当能:

1. 熟练绘制两个切割体的三视图;
2. 培养细心、耐心、精心的绘图习惯。

 工作任务

企业接到了两个零件(图5-30)的订单,需要你画出它们的三视图。

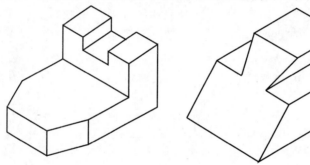

图5-30 切割体轴测图

 任务实施

1. 准备工具:_____。

2. 观看图片,小组讨论绘图步骤(把步骤写在下面)。

3. 绘制图5-30所示的两个零件的三视图(尺寸自定)。

拓展训练

根据图5-31和图5-32的轴测图画出两个零件的三视图（尺寸自定）。

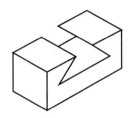

图5-31 切割体1

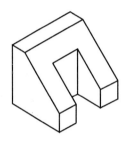

图5-32 切割体2

 评价反馈

1.学习目标达成度的自我检查如表5-6所示。

自 我 检 查 表   表5-6

序号	学习目标	达成情况（在相应选项后打"√"）		
		能	不能	如不能,是什么原因
1	熟练绘制两个切割体的三视图			

2.日常表现性评价（由小组长或组员间互评）。

（1）工作页填写情况（   ）。

    A.填写完整　　　B.缺填0~20%　　　C.缺填20%~40%　　　D.缺填40%以上

（2）工作着装是否规范（   ）。

    A.穿着校服,佩戴胸卡　　　　　　　　B.校服或胸卡缺一项

    C.偶尔穿着校服,佩戴胸卡　　　　　　D.一直不穿着校服,不佩戴胸卡

（3）是否达到全勤（   ）。

    A.全勤　　　　　　　　　　　　　　　B.缺勤0~20%（请假）

    C.缺勤0~20%（旷课）　　　　　　　　D.缺勤20%以上

（4）总体印象评价（   ）。

A. 非常优秀　　　B. 比较优秀　　　　C. 有待改进　　　　D. 急需改进

小组长签名：

年　　月　　日

3. 教师总体评价。

（1）该同学所在小组整体印象评价（　　　）。

A. 组长负责，组内学习气氛好

B. 组长能组织组员按要求完成学习任务，个别组员不能达成学习目标

C. 组内有30%以上的组员不能达成学习目标

D. 组内大部分组员不能达成学习目标

（2）对该同学整体印象评价：

教师签名：

年　　月　　日

任务7 画出零件的三视图和正等测图

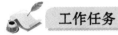

完成本学习任务后,你应当能:

1.熟练绘制两个零件的左视图;

2.熟练绘制两个零件的正等测图;

3.培养细心、耐心、精心的绘图习惯。

工作任务

企业接到了两个零件(图5-33)的订单,需要你画出它们的左视图和正等测图。

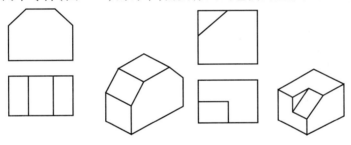

图5-33 补全视图

任务实施

1. 准备工具:_____。

2. 观察图5-33,小组讨论绘图步骤(把步骤写在下面)。

3. 绘制图 5-33 所示的两个零件的三视图和正等测图(尺寸自定)。

拓展训练

根据图形补画视图(图 5-34)。

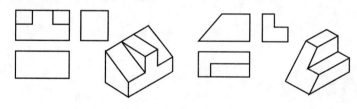

图 5-34　补画视图

评价反馈

1. 学习目标达成度的自我检查如表 5-7 所示。

自 我 检 查 表　　　　　　　　　　　　　表 5-7

序号	学习目标	达成情况(在相应选项后打"√")		
		能	不能	如不能,是什么原因
1	熟练绘制两个零件的左视图			
2	熟练绘制两个零件的正等测图			

2. 日常表现性评价(由小组长或组员间互评)。

(1)工作页填写情况(　　　)。

　　　A. 填写完整　　　B. 缺填 0~20%　　　C. 缺填 20%~40%　　　D. 缺填 40% 以上

（2）工作着装是否规范（　　　）。

    A. 穿着校服,佩戴胸卡　　　　　　　　B. 校服或胸卡缺一项

    C. 偶尔穿着校服,佩戴胸卡　　　　　　D. 一直不穿着校服,不佩戴胸卡

（3）是否达到全勤（　　　）。

    A. 全勤　　　　　　　　　　　　　　　B. 缺勤 0~20%（请假）

    C. 缺勤 0~20%（旷课）　　　　　　　D. 缺勤 20% 以上

（4）总体印象评价（　　　）。

    A. 非常优秀　　　B. 比较优秀　　　　C. 有待改进　　　　　　D. 急需改进

小组长签名:

年　　　　月　　　　日

3. 教师总体评价。

（1）该同学所在小组整体印象评价（　　　）。

    A. 组长负责,组内学习气氛好

    B. 组长能组织组员按要求完成学习任务,个别组员不能达成学习目标

    C. 组内有 30% 以上的组员不能达成学习目标

    D. 组内大部分组员不能达成学习目标

（2）对该同学整体印象评价:

教师签名:

年　　　　月　　　　日

★任务8 补画零件的视图

完成本学习任务后,你应当能:

1. 熟练掌握三视图的投影规律;
2. 熟练补画两个零件的视图;
3. 培养细心、耐心、精心的绘图习惯。

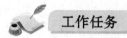

企业接到了两个零件(图5-35)的订单,需要你画出它们的视图。

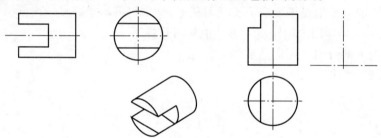

图 5-35   圆柱切割的视图

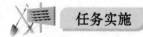

1. 准备工具:_____。
2. 观察图5-35,小组讨论绘图步骤(把步骤写在下面)。

3.绘制图 5-35 所示的两个零件的视图(尺寸自定)。

 拓展训练

根据图形补画视图(图 5-36)。

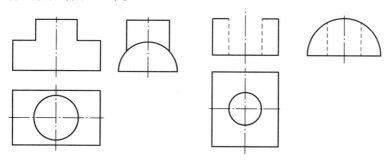

图 5-36 补全图线

 评价反馈

1.学习目标达成度的自我检查如表 5-8 所示。

自 我 检 查 表   表 5-8

序号	学 习 目 标	达成情况(在相应选项后打"√")		
		能	不能	如不能,是什么原因
1	熟练掌握三视图的投影规律			
2	熟练补画两个零件的视图			

2.日常表现性评价(由小组长或组员间互评)。

(1)工作页填写情况(   )。

    A.填写完整   B.缺填 0~20%   C.缺填 20%~40%   D.缺填 40%以上

(2)工作着装是否规范(   )。

    A.穿着校服,佩戴胸卡   B.校服或胸卡缺一项

   C. 偶尔穿着校服,佩戴胸卡   D. 一直不穿着校服,不佩戴胸卡

(3)是否达到全勤(   )。

  A. 全勤   B. 缺勤 0～20%(请假)

  C. 缺勤 0～20%(旷课)   D. 缺勤 20% 以上

(4)总体印象评价(   )。

  A. 非常优秀   B. 比较优秀   C. 有待改进   D. 急需改进

小组长签名:

                        年   月   日

3. 教师总体评价。

(1)该同学所在小组整体印象评价(   )。

  A. 组长负责,组内学习气氛好

  B. 组长能组织组员按要求完成学习任务,个别组员不能达成学习目标

  C. 组内有 30% 以上的组员不能达成学习目标

  D. 组内大部分组员不能达成学习目标

(2)对该同学整体印象评价:

教师签名:

                        年   月   日

★任务9 学会解决各种题型

完成本学习任务后,你应当能:

1. 掌握选择题、判断题的做法;
2. 熟练标注图形的尺寸;
3. 熟练绘制三视图。

工作任务

企业要选拔几个技术员,需要你完成各种图形(图 5-37)。

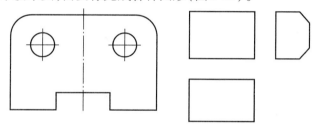

图 5-37 完成图形

1. 准备工具:_____。

2. 完成下面各题目。

(1)选择题。

①机件的真实大小以( )为准。

 A. 以比例　　　　　B. 以绘图的大小　　　　　C. 以图样上标注的尺寸数值

②两曲面立体相交,表面形成的交线为( )。

 A. 相贯线　　　　　B. 截交线　　　　　C. 迹线

③点的正面投影与水平面的投影连线垂直于( )轴。

 A. X　　　　　B. Y　　　　　C. Z

④投影三要素为( )。

 A. 目光、物、图纸　B. 光、物、面　　　　C. 尺寸界线、尺寸线、尺寸数字

(2)判断题。

①尺寸标注三要素为尺寸界线、尺寸线和尺寸箭头。

②图样上的汉字必须用工整的楷书汉字。

③在三视图中,左视图反映物体的宽度和高度。

④直线正投影法的基本特性为:真实性,积聚性,类似性。

⑤投影方法分中心投影法和平行影法。

⑥正投影法的基本特性为真实性、类似性、积聚性。

⑦在标注尺寸时尺寸线可以用其他图线代替。

(3)标注图5-38中图形的尺寸(以实际测量为准)。

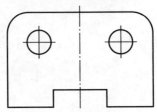

图5-38　标注尺寸

(4)补画三视图中的漏线(图5-39)。

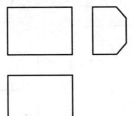

图5-39　补全图形

 评价反馈

1.学习目标达成度的自我检查如表5-9所示。

自 我 检 查 表　　　　　　　　　　表5-9

序号	学习目标	达成情况(在相应选项后打"√")		
		能	不能	如不能,是什么原因
1	掌握选择题、判断题的做法			
2	熟练标注图形的尺寸			
3	熟练绘制三视图			

2.日常表现性评价(由小组长或组员间互评)。

(1)工作页填写情况(　　)。

　　A.填写完整　　B.缺填0～20%　　C.缺填20%～40%　　D.缺填40%以上

(2)工作着装是否规范(　　)。

　　A.穿着校服,佩戴胸卡　　　　　　B.校服或胸卡缺一项

　　C.偶尔穿着校服,佩戴胸卡　　　　D.一直不穿着校服,不佩戴胸卡

(3)是否达到全勤(　　)。

　　A.全勤　　　　　　　　　　　　B.缺勤0～20%(请假)

C. 缺勤 0 ~ 20%（旷课）　　　　　　D. 缺勤 20% 以上

（4）总体印象评价（　　　）。

    A. 非常优秀　　　B. 比较优秀　　　　C. 有待改进　　　　D. 急需改进

小组长签名：

                               年　　　月　　　日

3. 教师总体评价。

（1）该同学所在小组整体印象评价（　　　）。

    A. 组长负责，组内学习气氛好

    B. 组长能组织组员按要求完成学习任务，个别组员不能达成学习目标

    C. 组内有 30% 以上的组员不能达成学习目标

    D. 组内大部分组员不能达成学习目标

（2）对该同学整体印象评价：

教师签名：

                               年　　　月　　　日

项目六　机械图样的基本表示法

★任务1　画出机件的视图

完成本学习任务后,你应当能:

1. 叙述四种视图的定义;
2. 掌握四种视图的画法和配置;
3. 根据轴测图绘制出机件视图;
4. 培养细心、耐心、静心的绘图习惯。

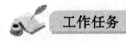

企业接到了机件(图6-1)的订单,需要你画出它的零件图。

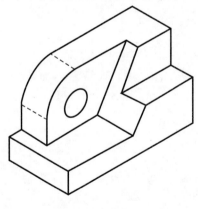

图6-1　机件

 相关理论

1. 视图。

(1)视图的定义:将机件向投影面投射所得的图形称为视图。

(2)作用:视图主要用于表达机件的外部结构形状,一般只画出机件的可见部分,其不可见部分用虚线表示,必要时虚线可以省略不画。

（3）分类:基本视图、向视图、局部视图、斜视图。

2. 基本视图。

（1）定义:将机件向各基本投影面投射所得到的六个视图称为基本视图。

（2）名称。

主视图、左视图、俯视图在前文中已提及,此处不再赘述。

后视图:由后向前投影得到的视图。

右视图:由右向左投影得到的视图。

仰视图:由下向上投影得到的视图。

（3）配置,如图6-2所示。

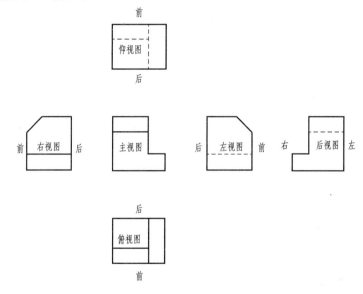

图6-2　基本视图的配置

（4）方位与对等关系。

长对正:主、俯、仰、后。

高平齐:主、左、右、后。

宽相等:左、右、俯、仰。

3. 向视图(图6-3)。

（1）定义:向视图是可以自由配置投影关系的视图。

（2）标注:用拉丁字母标注名称;用箭头标注投影方向。

（3）注意事项:①位置改变,但形状大小不变。

②方位及对等关系与基本视图中的一致。

③配置灵活。

4. 局部视图(图6-4)。

（1）定义:将机件的某一部分向基本投影面投射所得的视图,称为局部视图。

（2）标注:用拉丁字母标注名称;用箭头标注投影方向。

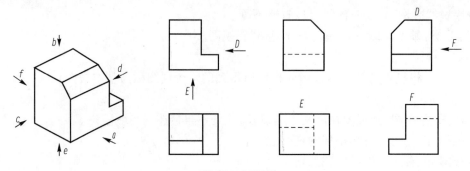

图6-3 向视图

（3）注意事项。

①基本配置时,不标注。

②向视图配置时,标方向和名称。

③断裂边界线用波浪线或双折线表示,完整的轮廓时可省略。

④画波浪线时应注意:

a. 不应与轮廓线重合或画在其他轮廓线的延长线上;

b. 不应超出机件的轮廓线;

c. 不应穿空而过。

⑤若为对称图形时,可只画一半或1/4,并在对称中心线的两端画两条与其垂直的平行细实线。

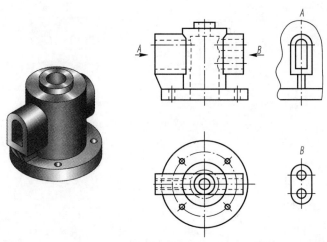

图6-4 局部视图

5. 斜视图（图6-5）。

（1）定义:机件向不平行于基本投影面的平面投射所得的视图,称为斜视图。

（2）注意事项。

①是利用的正投影法投影得到的。

②常用表达机件上的倾斜结构。

③断裂边界处用波浪线或双折线表示。

④配置和标注按向视图。

⑤旋转符号:⌒A。

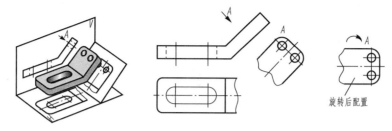

图6-5 斜视图

想 一 想

1.将机件向_____投射所得的图形称为视图。

2.将机件向各_____投射所得到的六个视图称为基本视图。

3.将机件的_____向基本投影面投射所得的视图,称为局部视图。

4.向视图是可以_____的视图。

5.若为对称图形时,可只画____或____,并在对称中心线的两端画两条与其垂直的平行细实线。

6.机件向不平行于基本投影面的平面投射所得的视图,称为_____。

任务实施

1.准备工具:_____。

2.参照图6-1的轴测图画出六个基本视图(尺寸自定)。

3.将图6-1中任选方向做出至少两个向视图(汽车选学)。

拓展训练

根据图 6-6 画出弯管的视图（尺寸自定）（汽车选学）。

图 6-6　弯管

 评价反馈

1. 同桌之间互相提问四种视图的定义和配置、画法和标注。

2. 学习目标达成度的自我检查如表 6-1 所示。

自我检查表　　　　　　　　　　　　　　　　　　　表 6-1

序号	学习目标	达成情况（在相应选项后打"√"）		
		能	不能	如不能，是什么原因
1	叙述四种视图的定义			
2	掌握四种视图的画法和配置			
3	根据轴测图绘制出机件视图			

3. 日常表现性评价（由小组长或组员间互评）。

（1）工作页填写情况（　　）。

　　A. 填写完整　　　B. 缺填 0 ~ 20%　　　C. 缺填 20% ~ 40%　　　D. 缺填 40% 以上

（2）工作着装是否规范（　　）。

　　A. 穿着校服，佩戴胸卡　　　　　　　　B. 校服或胸卡缺一项

　　C. 偶尔穿着校服，佩戴胸卡　　　　　　D. 一直不穿着校服，不佩戴胸卡

（3）是否达到全勤（　　）。

　　A. 全勤　　　　　　　　　　　　　　　B. 缺勤 0 ~ 20%（请假）

　　C. 缺勤 0 ~ 20%（旷课）　　　　　　　D. 缺勤 20% 以上

（4）总体印象评价（　　）。

　　A. 非常优秀　　　B. 比较优秀　　　C. 有待改进　　　D. 急需改进

小组长签名：

　　　　　　　　　　　　　　　　　　　　　　　　年　　月　　日

4. 教师总体评价。

(1)该同学所在小组整体印象评价( )。

    A. 组长负责,组内学习气氛好

    B. 组长能组织组员按要求完成学习任务,个别组员不能达成学习目标

    C. 组内有 30% 以上的组员不能达成学习目标

    D. 组内大部分组员不能达成学习目标

(2)对该同学整体印象评价:

教师签名:

                年　　　月　　　日

★任务2 画出机件的剖视图

完成本学习任务后,你应当能:

1. 叙述剖视图的形成;
2. 掌握剖视图的画法和标注;
3. 根据轴测图绘制出剖视图;
4. 培养细心、耐心、静心的绘图习惯。

工作任务

企业接到了一个零件(图6-7)的订单,需要你画出它的零件图。

图6-7 轴测图

相关理论

1. 剖视图的形成。

(1)剖视图的定义:假想用剖切面剖开机件,将处在观察者与剖切面之间的部分移去,而将其余部分向投影面投影所得的图形,称为剖视图(简称剖视)。

注:八字记忆法——假想、剖开、移去、投影。

(2)采用剖视图的目的:避免视图上虚线较多,给看图和尺寸标注带来不便。

2. 剖视图的画法。

(1)画法。

①选择剖切平面;

②把前半部分拿走,画出后半部分的视图;

③在切断面上画上剖面线。

(2)剖面线:45°、平行、间隔均匀的细实线。

3. 剖视图的标注。

（1）用剖切符号表示剖切面位置及投射方向。

（2）将大写的拉丁字母注写在剖切符号旁边，并在剖视图的上方注写相同的字母 X—X。

想一想

1. ____用剖切面____机件，将处在观察者与剖切面之间的部分____，而将其余部分向投影面____所得的图形，称为剖视图。

2. 在____上画上剖面线。

3. 把视图改画成剖视图，需要_____、_____和_____。

4. 用_____表示剖切面位置及投射方向。

5. 将大写的_____注写在剖切符号旁边，并在_____注写相同的字母 X—X。

任务实施

1. 准备工具：_____。

2. 观察图6-7，小组讨论画图步骤（把步骤写在下面）。

3. 操作提示：

除剖视图外，其他视图还保持原来的完整性。

4. 将图6-8的视图改画成剖视图。

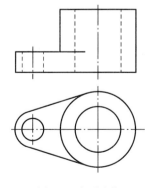

图6-8　改画图形

评价反馈

1. 学习自测题(找出图 6-9 中的错误,并将正确的图形画在右边)。

图 6-9 改错题

2. 学习目标达成度的自我检查如表 6-2 所示。

自 我 检 查 表   表 6-2

序号	学习目标	达成情况(在相应选项后打"√")		
		能	不能	如不能,是什么原因
1	叙述剖视图的形成			
2	掌握剖视图的画法和标注			
3	根据轴测图绘制出剖视图			

3. 日常表现性评价(由小组长或组员间互评)。

(1)工作页填写情况(   )。

    A. 填写完整   B. 缺填 0~20%   C. 缺填 20%~40%   D. 缺填 40% 以上

(2)工作着装是否规范(   )。

    A. 穿着校服,佩戴胸卡   B. 校服或胸卡缺一项

    C. 偶尔穿着校服,佩戴胸卡   D. 一直不穿着校服,不佩戴胸卡

(3)是否达到全勤(   )。

    A. 全勤   B. 缺勤 0~20%(请假)

    C. 缺勤 0~20%(旷课)   D. 缺勤 20% 以上

(4)总体印象评价(   )。

    A. 非常优秀   B. 比较优秀   C. 有待改进   D. 急需改进

小组长签名:

                                   年   月   日

4. 教师总体评价。

(1)该同学所在小组整体印象评价(   )。

    A. 组长负责,组内学习气氛好

B. 组长能组织组员按要求完成学习任务,个别组员不能达成学习目标

C. 组内有 30% 以上的组员不能达成学习目标

D. 组内大部分组员不能达成学习目标

(2)对该同学整体印象评价:

教师签名:

年　　　月　　　日

★任务3　画出机件的半剖视图

完成本学习任务后,你应当能:
1. 叙述剖视图的种类;
2. 掌握半剖视图的定义和画法;
3. 熟练地绘制半剖视图;
4. 培养细心、耐心、静心的绘图习惯。

 工作任务

企业接到了图 6-10 所示的零件的订单,需要你画出它的零件图。

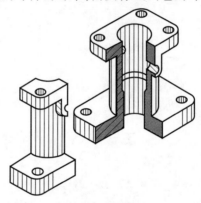

图 6-10　半剖轴测图

 相关理论

1. 剖视图的分类。
(1)按剖切范围可分为全剖视图、半剖视图和局部剖视图。
(2)按剖切面可分为单一全剖视图、阶梯剖视图和旋转剖视图。
2. 半剖视图。
(1)定义。
当机件具有对称平面时,以对称平面为界,用剖切面剖开机件的一半所得的剖视图称为半剖视图。即:图形中一半是视图,一半为剖视图。
(2)适用范围,如图 6-11 所示。
半剖视图可用于内、外形都较复杂的对称机件,既可表达内部结构也能表示外在形状。

（3）画法，如图 6-12 所示。

①半个视图与半个剖视图分界线为细点划线。

②半剖视中表达清楚的内部机构，另一半视图中不必再画出虚线。

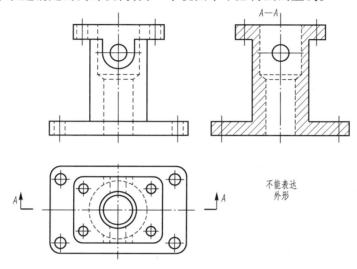

图 6-11　可适用半剖视图的对称件

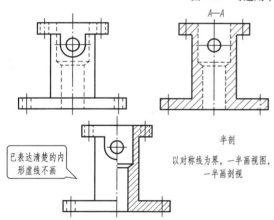
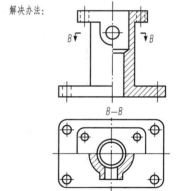

图 6-12　半剖视图的画法

 **想 一 想**

1. 剖视图按剖切范围分为＿＿＿＿＿＿、＿＿＿＿＿＿和＿＿＿＿＿＿三类。

2. 剖视图按剖切面分为＿＿＿＿＿＿、＿＿＿＿＿＿和＿＿＿＿＿＿三类。

3. 半剖视图中，一半是＿＿＿＿＿＿，一半为＿＿＿＿＿＿。

4. 半个视图与半个剖视图分界线为＿＿＿＿＿＿。

5. 半剖视中表达清楚的内部机构，另一半视图中不必再画出＿＿＿＿＿＿。

任务实施

1. 准备工具：_____。

2. 观察图 6-13，小组讨论画图步骤（把步骤写在下面）。

图 6-13　半剖视图的习题

3. 操作提示：

注意分界线是细点划线。

4. 参照图 6-10 半剖轴测图画出零件的半剖视图（尺寸自定）。

评价反馈

1. 同桌之间互相提问剖视图的种类、半剖视图的定义、适用范围和画法。

2. 学习目标达成度的自我检查如表 6-3 所示。

自 我 检 查 表　　　　　　　　　　　　　　　　表 6-3

序号	学习目标	达成情况（在相应选项后打"√"）		
		能	不能	如不能，是什么原因
1	叙述剖视图的种类			
2	掌握半剖视图的定义和画法			
3	熟练地绘制半剖视图			

3. 日常表现性评价(由小组长或组员间互评)。

(1)工作页填写情况(   )。

  A. 填写完整 B. 缺填 0 ~ 20% C. 缺填 20% ~ 40% D. 缺填 40% 以上

(2)工作着装是否规范(   )。

  A. 穿着校服,佩戴胸卡   B. 校服或胸卡缺一项

  C. 偶尔穿着校服,佩戴胸卡 D. 一直不穿着校服,不佩戴胸卡

(3)是否达到全勤(   )。

  A. 全勤   B. 缺勤 0 ~ 20%(请假)

  C. 缺勤 0 ~ 20%(旷课) D. 缺勤 20% 以上

(4)总体印象评价(   )。

  A. 非常优秀 B. 比较优秀 C. 有待改进   D. 急需改进

小组长签名:

                       年 月 日

4. 教师总体评价。

(1)该同学所在小组整体印象评价(   )。

  A. 组长负责,组内学习气氛好

  B. 组长能组织组员按要求完成学习任务,个别组员不能达成学习目标

  C. 组内有 30% 以上的组员不能达成学习目标

  D. 组内大部分组员不能达成学习目标

(2)对该同学整体印象评价:

教师签名:

                       年 月 日

★ 任务4 画出机件的局部剖视图

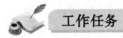

完成本学习任务后,你应当能:
1. 掌握局部剖视图的定义和适用范围;
2. 掌握局部剖视图的画法;
3. 熟练地绘制局部剖视图;
4. 培养细心、耐心、静心的绘图习惯。

工作任务

企业接到了图6-14所示的零件的订单,需要你画出它们的零件图。

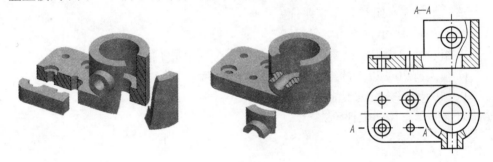

图6-14 局部剖视图

  相关理论

(1)局部剖视图定义。

用剖切平面局部地剖开机件所得的剖视图称为局部剖视图。

(2)适用范围。

①对称,但轮廓线与轴线重合时,不宜采用半剖视图,可用局部剖视图表达;

②其他部分已表达清楚,只有部分需要表达时;

③不对称机件的内、外形状均需在同一视图上时。

(3)画法注意(图6-15~图6-17)。

①局部剖视图中,视图与剖视图部分之间应以波浪线为分界线,画波浪线时注意:

a. 不应超出视图的轮廓线;

b. 不应与轮廓线重合或在其轮廓线的延长线上;

c. 不应穿空而过。

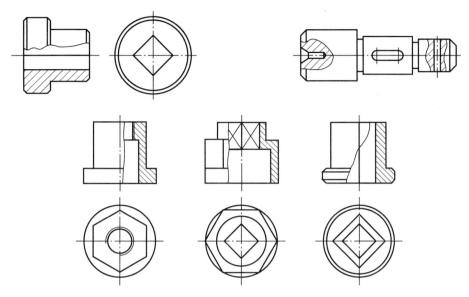

图 6-15　局部剖视图的画法一

②必要时,允许在剖视图中再做一次简单的局部剖视,但应注意用波浪线分开,剖面线同方向、同间隔错开画出。

③一个视图中,局部剖视的数量不宜过多,以免影响图形的清晰度。

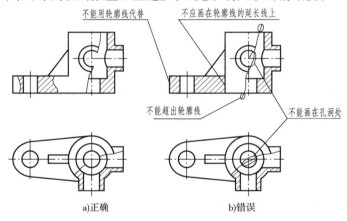

a)正确　　　　　　　　　b)错误

图 6-16　局部剖视图的画法二

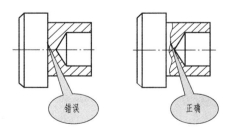

图 6-17　局部剖视图的画法三

想一想

1. 用剖切平面局部地剖开机件所得的剖视图称为＿＿＿＿＿＿剖视图。

2. 局部剖视图中,视图与剖视图部分之间应以＿＿＿＿＿＿为分界线。

3. 一个视图中,局部剖视的数量不宜＿＿＿＿＿＿,以免影响图形的清晰度。

 任务实施

1. 准备工具:＿＿＿＿＿＿＿＿＿＿＿＿＿＿＿＿＿。

2. 参照图 6-18 所示的轴测图画出零件的局部剖视图。(尺寸自定)。

图 6-18   局部剖习题

评价反馈

1. 同桌之间互相提问局部剖视图的定义、适用范围和画法。

2. 学习目标达成度的自我检查如表 6-4 所示。

自我检查表   表 6-4

序号	学习目标	达成情况(在相应选项后打"√")		
		能	不能	如不能,是什么原因
1	掌握局部剖视图的定义和适用范围			
2	掌握局部剖视图的画法			
3	熟练地绘制局部剖视图			

3. 日常表现性评价(由小组长或组员间互评)。

(1)工作页填写情况(   )。

    A. 填写完整   B. 缺填 0~20%   C. 缺填 20%~40%   D. 缺填 40% 以上

(2)工作着装是否规范(   )。

    A. 穿着校服,佩戴胸卡   　　　　　　　　B. 校服或胸卡缺一项

    C. 偶尔穿着校服,佩戴胸卡   　　　　　　D. 一直不穿着校服,不佩戴胸卡

(3)是否达到全勤(   )。

    A. 全勤   　　　　　　　　　　　　　　　B. 缺勤 0~20% (请假)

C. 缺勤 0 ~ 20%（旷课）   D. 缺勤 20% 以上

（4）总体印象评价（　　）。

  A. 非常优秀   B. 比较优秀   C. 有待改进   D. 急需改进

小组长签名：

年　　月　　日

4. 教师总体评价。

（1）该同学所在小组整体印象评价（　　）。

  A. 组长负责，组内学习气氛好

  B. 组长能组织组员按要求完成学习任务，个别组员不能达成学习目标

  C. 组内有 30% 以上的组员不能达成学习目标

  D. 组内大部分组员不能达成学习目标

（2）对该同学整体印象评价：

教师签名：

年　　月　　日

★任务5 画出机件的阶梯剖和旋转剖视图

学习目标

完成本学习任务后,你应当能:

1. 掌握阶梯和旋转剖视图的定义;
2. 掌握阶梯和旋转剖视图的画法;
3. 熟练地绘制阶梯和旋转剖视图;
4. 培养细心、耐心、静心的绘图习惯。

工作任务

企业接到了图6-19所示的两个零件的订单,需要你画出它们的零件图。

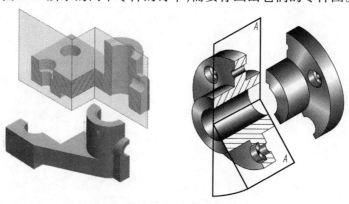

图6-19 阶梯剖和旋转剖轴测图

相关理论

1. 阶梯剖视图。

(1)定义:用几个平行平面将机件剖开,表达其内部结构的剖视图称阶梯剖。

(2)适用范围:

①对称的机件;

②可同时表达机件上不在同一对称轴上的结构。

(3)画法注意(图6-20、图6-21)。

①转折处无投影;

②一般不出现不完整的要素;

③若有公共对称线或轴线时,可各画一半,以对称中心或轴线为界;

④在起讫转折处标写相同字母和剖切符号；

⑤当视图之间投影关系明确，没有任何图形隔开时，可以省略标注箭头。

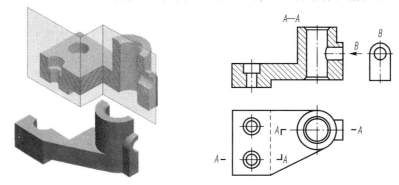

图 6-20　阶梯剖视图的画法

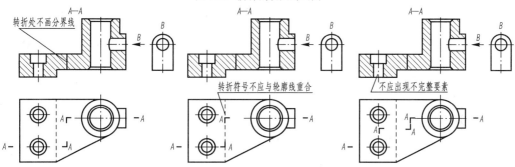

图 6-21　阶梯剖视图中常见的错误画法及标注

2. 旋转剖视图。

（1）定义：用几个相交的平面将机件剖开，并将倾斜部分旋转后向基本投影面投影所得视图。

（2）适用范围：当用单一剖切平面不能完全表达机件内部结构时，可采用旋转剖。

（3）注意事项（图 6-22）。

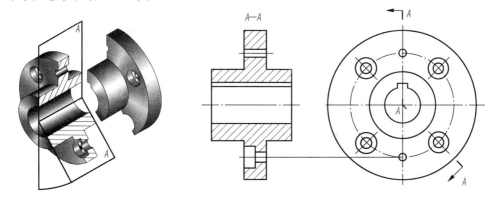

图 6-22　旋转剖视图的画法

①相邻剖切平面的交线应垂直于一投影面。

②两个相交的剖面剖开机件，将倾斜部分旋转后，向基本投影面投影，旋转部分不再保

持原投影关系,其他结构按原来位置投影,即先剖再转后投影。

③标注。

a.采用旋转剖画剖视图时必须标注,其标注方法与阶梯剖局部相同;

b.注意标注中的箭头所指的方向是与剖切平面垂直的投射方向,而不是旋转方向;

c.当视图之间没有图形隔开时可以省略箭头;

d.注写字母时一律按水平位置书写,字头朝上,且在起讫转折处标相同字母。

想 一 想

1.用几个_____将机件剖开,表达其内部结构的剖视图称阶梯剖。

2.阶梯剖中,_____无投影。

3.用几个_____的平面将机件剖开,并将倾斜部分_____向基本投影面投影所得视图称旋转剖视图。

4.两个相交的剖面剖开机件,将倾斜部分旋转后,向基本投影面投影,旋转部分_____保持原投影关系,其他结构按_____投影。

任务实施

1.准备工具:_____。

2.观察图6-19,小组讨论画阶梯剖视图的步骤(把步骤写在下面)。

3.参照图6-23所示的轴测图画出零件的阶梯剖视图(尺寸自定)。

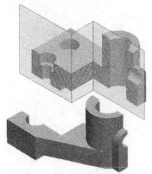

图6-23 阶梯剖习题1

4.参照图6-24所示的轴测图画出零件的旋转剖视图(尺寸自定)(汽车选学)。

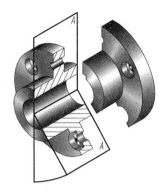

图 6-24　旋转剖视图习题

 评价反馈

1.学习自测题:将图 6-25 画成阶梯剖视图,尺寸自定。

图 6-25　阶梯剖习题 2

2.学习目标达成度的自我检查如表 6-5 所示。

自 我 检 查 表　　　　　　　　　　　　　　　　表 6-5

序号	学习目标	达成情况(在相应选项后打"√")		
		能	不能	如不能,是什么原因
1	掌握阶梯和旋转剖视图的定义			
2	掌握阶梯和旋转剖视图的画法			
3	熟练地绘制阶梯和旋转剖视图			

3.日常表现性评价(由小组长或组员间互评)。

(1)工作页填写情况(　　　)。

　　A.填写完整　　　B.缺填 0 ~ 20%　　　C.缺填 20% ~ 40%　　　D.缺填 40% 以上

(2)工作着装是否规范(　　　)。

　　A.穿着校服,佩戴胸卡　　　　　　　　B.校服或胸卡缺一项

　　C.偶尔穿着校服,佩戴胸卡　　　　　　D.一直不穿着校服,不佩戴胸卡

(3)是否达到全勤(　　　)。

　　A.全勤　　　　　　　　　　　　　　　B.缺勤 0 ~ 20%(请假)

　　C.缺勤 0 ~ 20%(旷课)　　　　　　　D.缺勤 20% 以上

(4)总体印象评价(　　　)。

　　A.非常优秀　　　B.比较优秀　　　　　C.有待改进　　　　　D.急需改进

小组长签名：

　　　　　　　　　　　　　　　　　　年　　月　　日

4. 教师总体评价。

（1）该同学所在小组整体印象评价（　　）。

　　A. 组长负责，组内学习气氛好

　　B. 组长能组织组员按要求完成学习任务，个别组员不能达成学习目标

　　C. 组内有30％以上的组员不能达成学习目标

　　D. 组内大部分组员不能达成学习目标

（2）对该同学整体印象评价：

教师签名：

　　　　　　　　　　　　　　　　　　年　　月　　日

★任务6 画出机件的断面图

完成本学习任务后,你应当能:

1. 叙述断面图的定义;
2. 掌握断面图的画法及标注;
3. 根据轴测图绘制出断面图;
4. 培养细心、耐心、静心的绘图习惯。

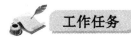

企业接到了一个零件(图6-26)的订单,需要你画出它的零件图。

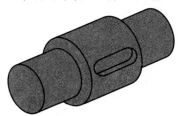

图6-26 从动轴

 相关理论

1. 断面图的概念。

(1)假想用剖切面将物体的某处切断,仅画出该剖切面与物体接触部分的图形称为断面图。断面图可简称断面(也叫剖面)。

(2)和剖视图的区别:

①剖视图要画出剖切面后所有可见部分;

②断面图只画断面的形状。

2. 断面图的种类:

(1)移出断面。

(2)重合断面。

3. 移出断面的画法。

(1)画在视图之外,轮廓线用粗实线绘制。配置在剖切线的延长线上或其他适当的位置。

(2)移出断面的标注。

剖切线表示剖切位置;箭头表示投射方向,并注上字母;断面图名称:"X—X"。

画在剖切面延长线上,字母省略。按投影关系配置,箭头省略。

4.重合断面图。

(1)定义:画在视图之内的断面,称为重合断面。

(2)画法:轮廓线用细实线绘制,当重合断面轮廓线与视图中的轮廓线重合时,视图的轮廓线仍应连续画出,不可间断。

(3)标注:标注时可省略字母,不对称的移出断面,仍要画出剖切符号,对称的重合断面,可不必标注。

想 一 想

1.假想用剖切面将物体的_____,仅画出该_____的图形称为断面图。断面图可简称断面(也叫剖面)。

2.断面图和剖视图的区别:_____。

3.断面图的种类:_____。

4.移出断面要画在_____,轮廓线用_____绘制。

5.画在_____的断面,称为重合断面。

6.重合断面轮廓线用_____绘制,当重合断面轮廓线与视图中的_____时,视图的轮廓线仍应连续画出,不可间断。

任务实施

1.准备工具:_____。

2.画出图6-27中从动轴的断面图(尺寸自定)。

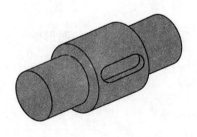

图6-27　从动轴

评价反馈

1.学习自测题:画出图6-28的断面图(要求按投影关系配置)。

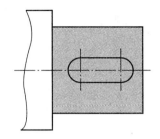

图6-28 自测题

2.学习目标达成度的自我检查如表6-6所示。

自 我 检 查 表 表6-6

序号	学习目标	达成情况(在相应选项后打"√")		
		能	不能	如不能,是什么原因
1	叙述断面图的定义			
2	掌握移出断面图的画法及标注			
3	根据轴测图绘制出断面图			

3.日常表现性评价(由小组长或组员间互评)。

(1)工作页填写情况(　　　)。

　　A.填写完整　　　B.缺填0～20%　　　C.缺填20%～40%　　　D.缺填40%以上

(2)工作着装是否规范(　　　)。

　　A.穿着校服,佩戴胸卡　　　　　　　　B.校服或胸卡缺一项

　　C.偶尔穿着校服,佩戴胸卡　　　　　　D.一直不穿着校服,不佩戴胸卡

(3)是否达到全勤(　　　)。

　　A.全勤　　　　　　　　　　　　　　　B.缺勤0～20%(请假)

　　C.缺勤0～20%(旷课)　　　　　　　　D.缺勤20%以上

(4)总体印象评价(　　　)。

　　A.非常优秀　　　B.比较优秀　　　C.有待改进　　　　　D.急需改进

小组长签名:

年　　　月　　　日

4.教师总体评价。

(1)该同学所在小组整体印象评价(　　　)。

　　A.组长负责,组内学习气氛好

　　B.组长能组织组员按要求完成学习任务,个别组员不能达成学习目标

　　C.组内有30%以上的组员不能达成学习目标

　　D.组内大部分组员不能达成学习目标

(2)对该同学整体印象评价:

教师签名:

年　　　月　　　日

★任务7　画出机件的局部放大图和简化图形

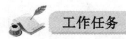

完成本学习任务后,你应当能:

1. 叙述局部放大图的定义;
2. 掌握局部放大图和各种简化图形的画法;
3. 熟练地绘制局部放大图和简化图形;
4. 培养细心、耐心、静心的绘图习惯。

工作任务

企业接到了图6-29所示的零件的订单,需要你画出它们的零件图。

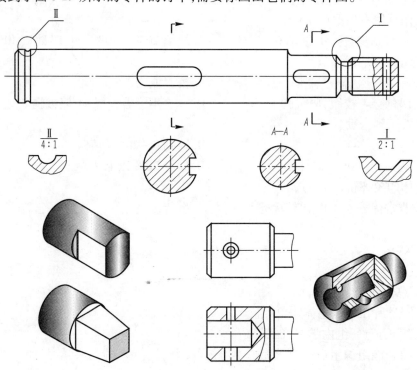

图6-29　零件表示方法

相关理论

1. 局部放大图。

　　当机件上某些细小结构,在视图中不易表达清楚和不便标注尺寸时,可将这些结构用大于原图形所采用的比例画出,这种图形称为局部放大图。

　　局部放大图可画成视图、剖视图或断面图,它与被放大部分所采用的表达形式无关。局部放大图应尽量配置在被放大部位的附近。局部放大图必须进行标注,一般应用细实线圈出被放大的部位。当同一机件上有几处被放大的部分时,必须用罗马数字依次标明被放大的部位,并在局部放大图的上方标注出相应的罗马数字和所采用的比例(系指放大图中机件要素的线性尺寸与实际机件相应要素的线性尺寸之比,与原图形所采用的比例无关),如图6-30所示。

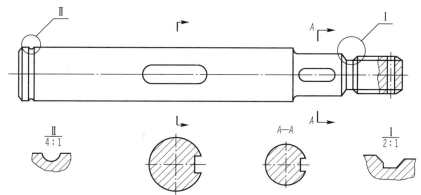

图6-30　局部放大图

2. 简化画法(图6-31、图6-32)。

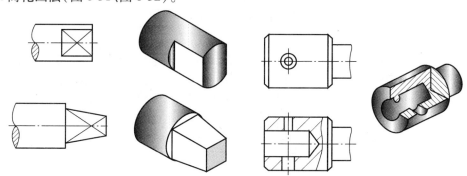

图6-31　简化画法一

　　(1)在不致引起误解时可以用圆弧或直线代替相贯线。

　　(2)当机件上有较小结构及斜度等已在一个图形中表达清楚时,在其他图形中可简化表示或省略。

　　(3)当不能充分表达回转体零件表面上的平面时,可用平面符号(相交的两条细实线)表示。

　　(4)均匀分布的肋板及孔的画法(图6-33)。

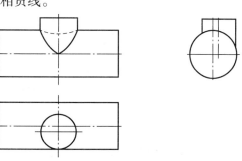

图6-32　简化画法二

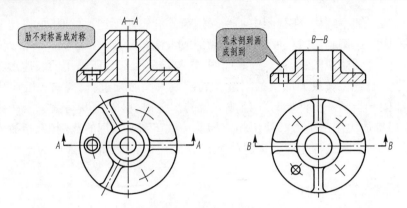

图 6-33 简化画法三

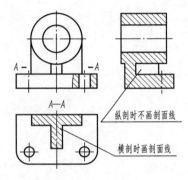

图 6-34 简化画法四

（5）对于机件上的肋、轮辐及薄壁等，当剖切平面沿纵向剖切时，这些结构上不画剖面符号，而用粗实线将它们与其邻接部分分开。当剖切平面按横向剖切时，这些结构仍需画上剖面符号，如图 6-34 所示。

（6）当机件上具有若干直径相同且成规律分布的孔，可以仅画出一个或几个，其余用细点画线或"＋"表示其中心位置，如图 6-35 所示。

（7）当机件上具有若干相同结构（齿或槽等），只需要画出几个完整的结构，其余用细实线连接，但必须在图上注明该结构的总数，如图 6-36 所示。

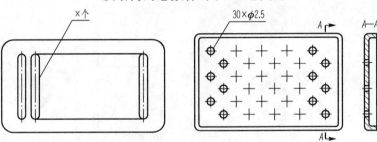

图 6-35 简化画法五

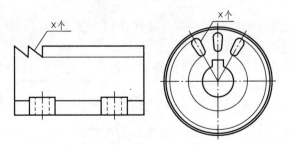

图 6-36 简化画法六

（8）较长的机件（轴、型材、连杆等）沿长度方向形状一致，或按一定规律变化时，可断开后绘制，如图 6-37 所示。

154

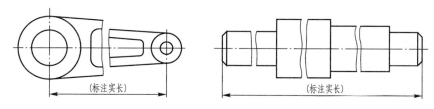

图 6-37　简化画法七

1. 当机件上某些细小结构,在视图中不易表达清楚和不便标注尺寸时,可将这些结构用大于原图形所采用的比例画出,这种图形称为＿＿＿＿＿＿。

2. 局部放大图可画成＿＿＿＿＿、＿＿＿＿＿或＿＿＿＿＿,它与被放大部分所采用的表达形式无关。

3. 局部放大图必须进行标注,一般应用＿＿＿＿＿圈出被放大的部位。当同一机件上有几处被放大的部分时,必须用＿＿＿＿＿依次标明被放大的部位,并在局部放大图的上方标注出相应的罗马数字和所采用的＿＿＿＿＿。

任务实施

1. 准备工具:＿＿＿＿＿＿＿＿＿＿＿＿＿＿＿＿＿＿＿。
2. 画出图 6-30 所示的零件的局部放大图(尺寸自定)。

3. 用简化画法画出图 6-38 所示的零件的图形(尺寸自定)(汽车选学)。

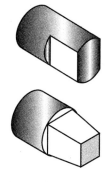

图 6-38　简化画法习题

评价反馈

1. 同桌之间互相提问局部放大图的定义和画法。

2. 学习目标达成度的自我检查如表6-7所示。

自 我 检 查 表   表6-7

序号	学习目标	达成情况(在相应选项后打"√")		
		能	不能	如不能,是什么原因
1	叙述局部放大图的定义			
2	掌握局部放大图和各种简化图形的画法			
3	熟练地绘制局部放大图和简化图形			

3. 日常表现性评价(由小组长或组员间互评)。

(1)工作页填写情况(　　)。

    A. 填写完整   B. 缺填0~20%   C. 缺填20%~40%   D. 缺填40%以上

(2)工作着装是否规范(　　)。

    A. 穿着校服,佩戴胸卡   B. 校服或胸卡缺一项

    C. 偶尔穿着校服,佩戴胸卡   D. 一直不穿着校服,不佩戴胸卡

(3)是否达到全勤(　　)。

    A. 全勤   B. 缺勤0~20%(请假)

    C. 缺勤0~20%(旷课)   D. 缺勤20%以上

(4)总体印象评价(　　)。

    A. 非常优秀   B. 比较优秀   C. 有待改进   D. 急需改进

小组长签名:

年　　月　　日

4. 教师总体评价。

(1)该同学所在小组整体印象评价(　　)。

    A. 组长负责,组内学习气氛好

    B. 组长能组织组员按要求完成学习任务,个别组员不能达成学习目标

    C. 组内有30%以上的组员不能达成学习目标

    D. 组内大部分组员不能达成学习目标

(2)对该同学整体印象评价:

教师签名:

年　　月　　日

项目七　机械图样中的特殊表示法

★任务1　螺纹及螺纹紧固件表示法

完成本学习任务后,你应当能:

1. 掌握内、外螺纹规定画法;
2. 掌握旋合的规定画法;
3. 理解并标注螺纹。

绘制螺纹并正确标注(图7-1)。

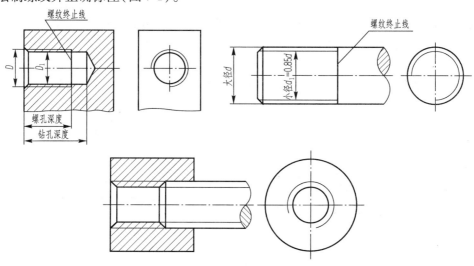

图7-1　螺纹示例

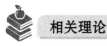

1. 螺纹的形成。

螺纹是根据螺旋线的形成原理加工而成的,当固定在车床卡盘上的工件做等速旋转时,刀具沿机件轴向做等速直线移动,其合成运动使切入工件的刀尖在机件表面加工成螺纹。刀尖的形状不同,加工出的螺纹形状也不同。在圆柱或圆锥外表面上加工的螺纹称为外螺纹,在圆柱或圆锥内表面加工的螺纹称为内螺纹,如图7-2所示。在箱体、底座等零件上制出的内螺纹(螺孔),一般先用钻头钻孔,再用丝锥攻出螺纹。若需要加工的是不穿通螺孔,钻孔时钻头顶部形成一个锥坑,其锥顶角应按120°画出。

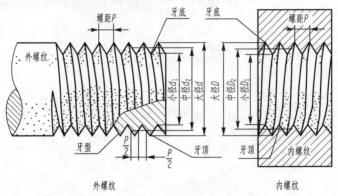

图7-2 内外螺纹各部分的名称和代号

2. 螺纹的五要素(汽车选学)。

(1)牙型。

沿螺纹轴线剖切的断面轮廓形状称为牙型。图7-2所示为三角形牙型的内、外螺纹。此外,还有梯形、锯齿形和矩形等牙型。

(2)直径。

螺纹直径有大径(d、D)、中径(d_2、D_2)和小径(d_1、D_1)之分,如图7-2所示。其中外螺纹 d 大径和内螺纹小径 D_1 也称顶径。螺纹的公称直径一般为大径。

(3)线数(n)。

螺纹有单线和多线之分,沿一条螺旋线所形成的螺纹称单线螺纹;沿两条螺旋线所形成的螺纹称多线螺纹,如图7-3所示。

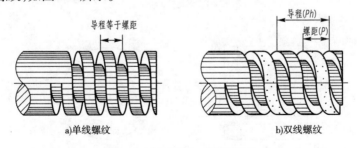

a)单线螺纹　　　　　　　　　　b)双线螺纹

图7-3 螺纹的线数、导程和螺距

(4)螺距(P)与导程(P_h)。

螺距是指相邻两牙在中径线上对应两点间的轴向距离。导程是指在同一条螺旋线上,相邻两牙在中径线上对应两点的轴向距离,如图7-2所示。

螺距、导程、线数三者之间的关系:单线螺纹的导程等于螺距,即 $P_h = P$;多线螺纹的导程等于线数乘以螺距,即 $P_h = 2P$。

（5）旋向。

螺纹有右旋与左旋两种。顺时针旋转时旋入的螺纹,称为右旋螺纹;逆时针旋转时旋入的螺纹,称为左旋螺纹。旋向也可按图7-4所示的方法判断:将外螺纹垂直放置,螺纹的可见部分是右高左低时为右旋螺纹,左高右低时为左旋螺纹。

只有以上五个要素都相同的内外螺纹才能旋合在一起。工程上常用右旋螺纹。右旋螺纹不标注,左旋螺纹标注 LH。

五个要素中的牙型、大径和螺距符合国家标准的称为标准螺纹;牙型不符合国家标准的称为非标准螺纹。

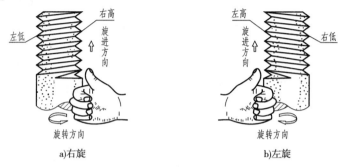

图 7-4　螺纹的旋向

3. 螺纹的标注。

（1）普通螺纹的标注格式:

牙型符号　公称直径×螺距　旋向—中径顶径公差带代号—旋合长度代号。

（2）螺纹标注。

①普通螺纹的螺距有粗牙和细牙两种,粗牙螺距不标注,细牙必须注出螺距。

②左旋要注写 LH,右旋螺纹不标注。

③螺纹公差带代号相同,则只标注一个代号。

④普通螺纹的旋合长度规定为短（S）、中（N）、长（L）三种,中等（N）可不标注。

⑤管螺纹螺距的尺寸代号没有单位,并不直接代表螺纹的大小,螺纹的直径、螺距可根据尺寸代号查出具体数值。

⑥非螺纹密封的管螺纹其外螺纹只有 A 和 B 两个公差等级时应予注出,内螺纹只有一个公差等级不必标出。

例1　粗牙普通外螺纹,大径为10,右旋,中径公差带为5g,顶径公差带为6g,短旋合长度。应标记为:M10-5g6g-S。

例2　梯形螺纹,公称直径40,螺距为7,右旋单线,外螺纹,中径公差带代号为7e,中等旋合长度。应标记为:Tr40×7-7e。

例3　梯形螺纹,公称直径40,导程为14,螺距为7 的左旋双线内螺纹,中径公差带代号为8E,长旋合长度。应标记为:Tr40×14（P7）LH-8E-L。

4. 螺纹的规定画法。

（1）内螺纹的画法。

如图 7-5 左图所示,内螺纹不论其牙型如何,在剖视图中,内螺纹牙顶圆（即小径 D_1）的

159

投影用粗实线表示,牙底圆用细实线表示,螺纹终止线用粗实线表示,剖面线应画到表示小径的粗实线为止。在垂直于螺纹轴线的投影面的视图上,表示大径的细实线只画约 3/4 圈,表示倒角的投影不应画出。绘制不穿通的螺孔时,应将钻孔深度和螺孔深度分别画出,如图 7-5 右图主视图所示。当螺纹为不可见时,螺纹的所有图线用虚线画出。

画法:

①牙底线用细实线。　　②牙顶线用粗实线。

③剖面线画到粗实线处。　　④牙底线圆用细实线且画 3/4 圆周。

⑤牙顶线用粗实线。　　⑥盲孔锥角用 120°角也与牙顶线连接。

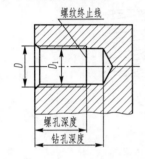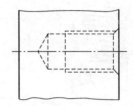

图 7-5　内螺纹的画法

(2)外螺纹的画法,如 7-6 所示。

画法:

①螺纹的牙顶线用粗实线表示。

②牙底线用细实线表示,一直画到螺杆倒角处

③螺纹的终止线用粗实线表示。

④牙顶圆用粗实线,牙底线圆画 3/4 圆周,倒角部分省略不画。

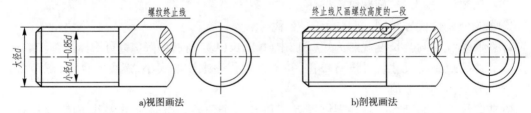

a)视图画法　　b)剖视画法

图 7-6　外螺纹的画法

(3)螺纹旋合的画法,如 7-7 所示。

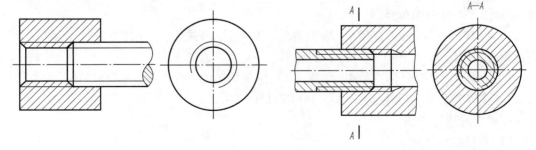

图 7-7　螺纹旋合的画法

①旋合部分应按外螺纹的画法绘制。

②没有旋合的部分按各自原螺纹画。

注意:内外螺纹没连接时,它们的大径、小径尺寸相同,故在连接图中表示内外螺纹的直径线必须对齐。

 任务实施

1. 补全图 7-8 所示的螺纹的画法,并说明标注的含义(图 7-8)。

Tr20×14(p7)-7h 的含义:_____

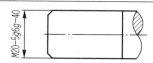

图 7-8　习题 1

2. 分析图 7-9 中外螺纹画法的错误,并在空白位置画出其正确的图形。

图 7-9　习题 2

3. 分析图 7-10 中内螺纹画法的错误,并在空白位置画出其正确的图形。

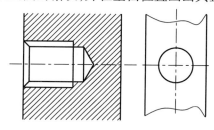

图 7-10　习题 3

评价反馈

1.学习自测题。

(1)螺纹的牙顶线用( )表示。

    A.粗实线   B.细实线   C.细点划线

(2)内外螺纹旋合时,旋合部门按( )画出。

    A.外螺纹   B.内螺纹   C.随便

(3)螺纹的五要素为_____、_____、_____、_____、_____。

(4)螺纹的左旋时一般用( )。

    A.标 H   B.不标   C.任意

2.学习目标达成度的自我检查如表 7-1 所示。

自 我 检 查 表   表 7-1

序号	学习目标	达成情况(在相应选项后打"√")		
		能	不能	如不能,是什么原因
1	掌握内、外螺纹规定画法			
2	掌握旋合的规定画法			
3	理解并标注螺纹			

3.日常表现性评价(由小组长或组员间互评)。

(1)工作页填写情况( )。

    A.填写完整   B.缺填 0~20%   C.缺填 20%~40%   D.缺填 40%以上

(2)工作着装是否规范( )。

    A.穿着校服,佩戴胸卡   B.校服或胸卡缺一项

    C.偶尔穿着校服,佩戴胸卡   D.一直不穿着校服,不佩戴胸卡

(3)是否达到全勤( )。

    A.全勤   B.缺勤 0~20%(请假)

    C.缺勤 0~20%(旷课)   D.缺勤 20%以上

(4)总体印象评价( )。

    A.非常优秀   B.比较优秀   C.有待改进   D.急需改进

小组长签名:

                                                       年   月   日

4.教师总体评价。

(1)该同学所在小组整体印象评价( )。

    A.组长负责,组内学习气氛好

    B.组长能组织组员按要求完成学习任务,个别组员不能达成学习目标

    C.组内有 30%以上的组员不能达成学习目标

    D.组内大部分组员不能达成学习目标

(2)对该同学整体印象评价:

教师签名:

                                                       年   月   日

★任务2 绘制螺栓连接图

完成本学习任务后,你应当能:

1. 掌握螺栓连接视图的画法;
2. 理解螺纹连接的应用。

工作任务

在 A4 图纸上绘制螺栓连接图(图7-11),要求符合国家标准的有关规定。

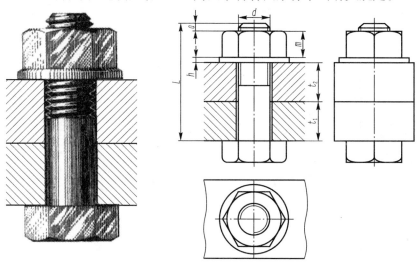

图 7-11 螺栓连接示例

 相关理论

1. 螺栓连接的应用介绍。

螺栓连接一般适用于连接不太厚的并允许钻成通孔的零件,如图 7-11 所示。连接前,先在两个被连接的零件上钻出通孔,套上垫圈,再用螺母拧紧。

2. 螺栓连接的画法规定。

(1)两零件的接触表面只画一条线。凡不接触的表面,不论其间隙大小(如螺杆与通孔之间),必须画两条轮廓线(间隙过小时可夸大画出)。

(2)当剖切平面通过螺栓、螺母、垫圈等标准件的轴线时,应按未剖切绘制,即只画出它们的外形。

（3）在剖视、断面图中,相邻两零件的剖面线,应画成不同方向或同方向而不同间隔加以区别。但同一零件在同一幅图的各剖视、断面图中,剖面线的方向和间隔必须相同。

（4）被连接零件的孔径必须大于螺栓大径（$1.1d$）。

（5）螺栓的螺纹终止线必须画到垫圈之下和被连接两零件接触面的上方。

（6）垫圈内没有任何图线。

3. 在装配图中,螺栓连接常采用近似画法或简化画法画出（图7-12）。

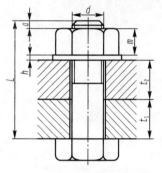

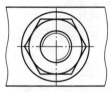

图7-12　螺栓连接图

相关尺寸如下:

螺栓的总长度 $L = t_1 + t_2 + m_{max} + a$；

$a = 0.3d$；

$h = 0.15d$；

$m_{max} = 0.8d$；

孔径 $= 1.1d$。

例: 已知螺纹紧固件的标记为:

螺栓 GB/5782　M20 × L；

螺母 GB/T　　　M20；

垫圈 GB/T 97.1　20。

画出螺栓连接图。

解: 查 GB/T6170 和 GB/T97.1,可得 $m = 18$,$h = 3$,$a = 0.3 × 20 = 6$。

已知被连接件 $S_1 = 25$,$S_2 = 25$；

得 $L \geqslant 25 + 25 + 3 + 18 + 6 = 77$。

根据 GB/T5782 查得与 77 最近的标准长度为 80,即为螺栓的有效长度,同时查得螺栓的螺纹长度为 46。

任务实施

小组根据所给尺寸讨论选取比例,并完成画图步骤,绘制在 A4 图纸上。

要求:（1）在 A4 图纸上绘制边框线和标题栏,为竖幅,不留装订边；

　　　（2）图形布局合理,尺寸正确；

　　　（3）图线绘制比例符合国标要求；

　　　（4）保持纸面整洁。

评价反馈

1. 学习自测题。

（1）当两平面接触时,在连接处画（　　）条线。

　　A. 1　　　　　　　　　B. 2　　　　　　　　　C. 3

（2）螺母、垫圈过轴线剖切画剖视图时,按（　　）画出。

A. 剖视图　　　　　　 B. 视图　　　　　　 C. 断面图

（3）在剖视图中，相邻两零件的剖面线方向一般应（　　）。

A. 相同　　　　　 B. 相反　　　　　 C. 任意

2. 学习目标达成度的自我检查如表 7-2 所示。

自 我 检 查 表　　　　　　　　　　　表 7-2

序号	学习目标	达成情况（在相应选项后打"√"）		
		能	不能	如不能，是什么原因
1	掌握螺栓连接视图的画法			
2	理解螺纹连接的应用			

3. 日常表现性评价（由小组长或组员间互评）。

（1）工作页填写情况（　　）。

A. 填写完整　　 B. 缺填 0～20%　　 C. 缺填 20%～40%　　 D. 缺填 40% 以上

（2）工作着装是否规范（　　）。

A. 穿着校服，佩戴胸卡　　　　　　 B. 校服或胸卡缺一项

C. 偶尔穿着校服，佩戴胸卡　　　　 D. 一直不穿着校服，不佩戴胸卡

（3）是否达到全勤（　　）。

A. 全勤　　　　　　　　　　　 B. 缺勤 0～20%（请假）

C. 缺勤 0～20%（旷课）　　　 D. 缺勤 20% 以上

（4）总体印象评价（　　）。

A. 非常优秀　　 B. 比较优秀　　 C. 有待改进　　 D. 急需改进

小组长签名：

年　　月　　日

4. 教师总体评价。

（1）该同学所在小组整体印象评价（　　）。

A. 组长负责，组内学习气氛好

B. 组长能组织组员按要求完成学习任务，个别组员不能达成学习目标

C. 组内有 30% 以上的组员不能达成学习目标

D. 组内大部分组员不能达成学习目标

（2）对该同学整体印象评价：

教师签名：

年　　月　　日

任务3 绘制螺柱连接图

完成本学习任务后,你应当能:
1. 掌握螺柱连接视图画法;
2. 理解螺钉连接的应用。

工作任务

在 A4 图纸上绘制螺钉连接图(图 7-13),要求符合国家标准的有关规定。

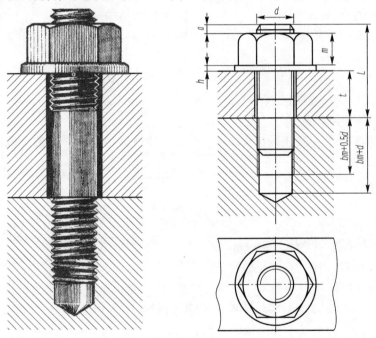

图 7-13 螺栓连接示例

相关理论

1. 螺柱连接的应用介绍。

当被连接的零件之一较厚,或不允许钻成通孔而不易采用螺栓连接;或因拆装频繁,又不宜采用螺钉连接时,可采用双头螺柱连接。通常将较薄的零件制成通孔(孔径≈1.1d),较厚零件制成不通的螺孔。双头螺柱的两端都制有螺纹,装配时,先将螺纹较短的一端(旋入端)旋入较厚零件的螺孔,再将通孔零件穿过螺纹的另一端(紧固端),套上垫圈,用螺母拧紧,将两个零件连接起来,如图7-13左图所示。

2. 注意:

(1)为了保证连接牢固,应使旋入端完全旋入螺纹孔。画图时螺柱旋入端螺纹终止线与孔口平面平齐。

(2)上端的螺纹终止线在孔口之上。

3. 在装配图中,双头螺柱连接常采用近似画法或简化画法画出(图7-14)。

画图时,应按螺柱的大径和螺孔件的材料确定旋入端的长度 b_m。螺柱的公称长度 L 可按下式计算:$L = t + h + m + a$。式中 t 为通孔零件的厚度;h 为垫圈厚度,$h = 0.15d$(采用弹簧垫圈时,$h = 0.2d$);m 为螺母厚度,$m = 0.85d$;a 为螺栓伸出螺母的长度,$a \approx (0.2 \sim 0.3)d$。计算出 L 后,还需从螺栓的标准长度系列中选取与 L 相近的标准值。较厚零件上不通的螺孔深度应大于旋入端螺纹长度 b_m,一般取螺孔深度为 $b_m + 0.5d$,钻孔深度为 $b_m + d$。

在连接图中,螺柱旋入端的螺纹终止线应与两零件的结合面平齐,表示旋入端已全部拧入,足够拧紧。

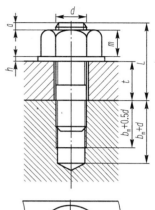

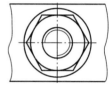

图 7-14　螺栓连接

4. 螺钉连接(图7-15)。

螺钉按用途可分为螺钉连接和紧定螺钉两类。

(1)连接螺钉。当被连接的零件之一较厚,而装配后连接件受轴向力又不大时,通常采用螺钉连接,即螺钉穿过薄零件的通孔而旋入厚零件的螺孔,螺钉头部压紧被连接件,如图7-15所示。

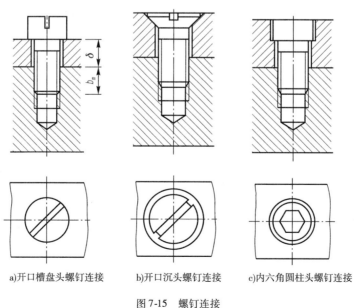

a)开口槽盘头螺钉连接　　b)开口沉头螺钉连接　　c)内六角圆柱头螺钉连接

图 7-15　螺钉连接

（2）紧定螺钉。紧定螺钉用来固定两零件的相对位置,使它们不产生相对运动,如图 7-16所示。欲将轴、轮固定在一起,可先在轮毂的适当部位加工出螺孔,然后将轮、轴装配在一起,以螺孔导向,在轴上钻出锥坑,最后拧入螺钉,即可限定轮、轴的相对位置,使其不产生轴向相对移动和径向相对转动。

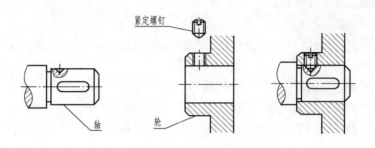

图 7-16　紧定螺钉

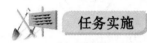

1. 小组根据所给图形,结合上次课中螺栓连接图画法讨论画图步骤,绘制在 A4 图纸上。

要求:

（1）在 A4 图纸上绘制边框线和标题栏,为竖幅,不留装订边;

（2）图形布局合理,尺寸正确;

（3）图线绘制比例符合国标要求;

（4）保持纸面整洁。

2. 相互提问螺钉的类别及应用。

  评价反馈

1. 学习自测题。

（1）双头螺柱一般用在连接（　　）的两个零件。

　　A. 都较薄　　　　　　　B. 都较厚　　　　　　　C. 一个较厚,另一个可钻通孔

（2）为了保证连接牢固,应使旋入端（　　）螺纹孔。画图时螺柱旋入端螺纹终止线与孔口平面（　　）。

　　A. 完全旋入　　　　B. 部分旋入　　　　　　C. 没关系　　　　D. 平齐

（3）螺钉按用途可分为螺钉（　　）和（　　）螺钉两类。

　　A. 连接　　　　　　B. 定形　　　　　　C. 紧定

（4）双头螺栓连接时上端的螺纹终止线在孔口之（　　）。

　　A. 上　　　　　　B. 下

2. 学习目标达成度的自我检查如表 7-3 所示。

自 我 检 查 表 表7-3

序号	学习目标	达成情况(在相应选项后打"√")		
		能	不能	如不能,是什么原因
1	掌握螺柱连接视图画法			
2	理解螺钉连接的应用			

3. 日常表现性评价(由小组长或组员间互评)。

(1)工作页填写情况( )。

    A. 填写完整   B. 缺填0～20%   C. 缺填20%～40%   D. 缺填40%以上

(2)工作着装是否规范( )。

    A. 穿着校服,佩戴胸卡   B. 校服或胸卡缺一项

    C. 偶尔穿着校服,佩戴胸卡   D. 一直不穿着校服,不佩戴胸卡

(3)是否达到全勤( )。

    A. 全勤   B. 缺勤0～20%(请假)

    C. 缺勤0～20%(旷课)   D. 缺勤20%以上

(4)总体印象评价( )。

    A. 非常优秀   B. 比较优秀   C. 有待改进   D. 急需改进

小组长签名:

                                      年   月   日

4. 教师总体评价。

(1)该同学所在小组整体印象评价( )。

    A. 组长负责,组内学习气氛好

    B. 组长能组织组员按要求完成学习任务,个别组员不能达成学习目标

    C. 组内有30%以上的组员不能达成学习目标

    D. 组内大部分组员不能达成学习目标

(2)对该同学整体印象评价:

教师签名:

                                        年   月   日

★ 任务4 绘制单个齿轮及齿轮啮合的视图

完成本学习任务后,你应当能:

1. 掌握单个齿轮的画法;
2. 掌握啮合齿轮的画法。

 工作任务

齿轮是用于机器中传递动力、改变旋向和改变转速的传动件。学习本任务后,绘制如图 7-17 所示单个齿轮和啮合齿轮的画法。

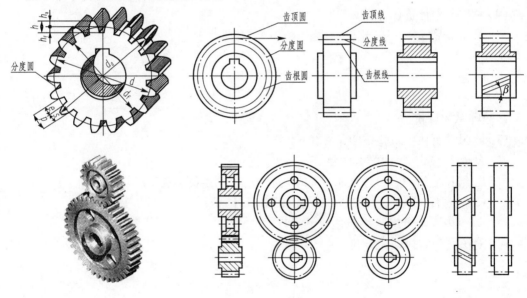

图 7-17 齿轮示例

 相关理论

1. 直齿圆柱齿轮各部分的名称、代号和尺寸关系,如图 7-18 所示。

(1)齿顶圆:轮齿顶部的圆,直径用 d_a 表示。

(2)齿根圆:轮齿根部的圆,直径用 d_f 表示。

(3)分度圆:齿轮加工时用以轮齿分度的圆,直径用 d 表示。在一对标准齿轮互相啮合时,两齿轮的分度圆应相切,如图 7-18b)所示。

(4)齿距:在分度圆上,相邻两齿同侧齿廓间的弧长,用 p 表示。

（5）齿厚：一个轮齿在分度圆上的弧长，用 s 表示。

（6）槽宽：一个齿槽在分度圆上的弧长，用 e 表示。在标准齿轮中，齿厚与槽宽各为齿距的一半，即 $s = e = p/2，p = s + e$。

（7）齿顶高：分度圆至齿顶圆之间的径向距离，用 h_a 表示。

（8）齿根高：分度圆至齿根圆之间的径向距离，用 h_f 表示。

（9）全齿高：齿顶圆与齿根圆之间的径向距离，用 h 表示。$h = h_a + h_f$。

（10）齿宽：沿齿轮轴线方向测量的轮齿宽度，用 b 表示。

（11）齿形角：齿廓曲线和分度圆的交点处的径向与齿廓在该点处的切线所夹的锐角，用 α 表示。

（12）齿数：一个齿轮的轮齿总数，用 z 表示。

（13）模数：当齿轮的齿数为 z 时，分度圆的周长 $= \pi d = zp$。令 $m = p/\pi$，则 $d = mz，m$ 即为齿轮的模数。

（14）传动比：主动齿轮的转速 $n_1(r/\min)$ 与从动齿轮的转速 $n_2(r/\min)$ 之比，即 n_1/n_2。

（15）中心距：两圆柱齿轮轴线之间的最短距离称为中心距，用 a 表示，$a = (d_1 + d_2)/2 = m(z_1 + z_2)$。

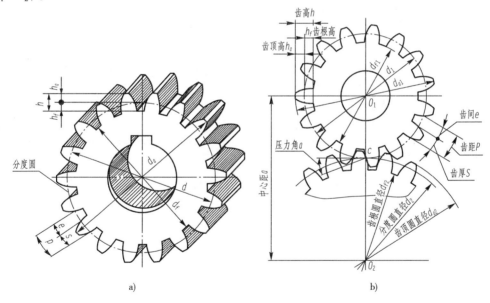

图 7-18　直齿圆柱齿轮的要素

2. 直齿圆柱齿轮的规定画法。

（1）单个圆柱齿轮的画法。

如图 7-19 所示，在端面视图中，齿顶圆用粗实线画出，齿根圆用细实线画出或省略不画，分度圆用点画线画出。另一视图一般画成全剖视图，而轮齿规定按不剖处理，用粗实线表示齿顶线和齿根线，点画线表示分度线；若不画成剖视图，则齿根线可省略不画。当需要表示轮齿为斜齿时（或人字齿）时，在外形视图上画出三条与齿线方向一致的细实线表示。

（2）圆柱齿轮的啮合画法。

如图 7-20 所示，在表示齿轮端面的视图中，齿根圆可省略不画，啮合区的齿顶圆均用粗实线绘制。啮合区的齿顶圆也可省略不画,但相切的分度圆必须用点画线画出。若不作剖视,则啮合区内的齿顶线不画,此时分度线用粗实线绘制。

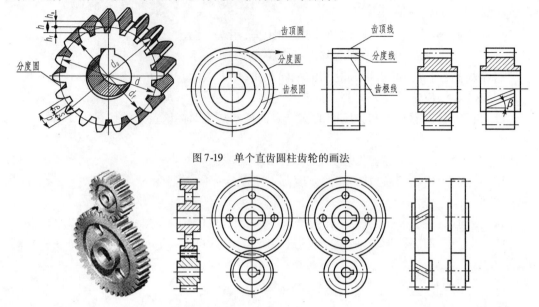

图 7-19　单个直齿圆柱齿轮的画法

图 7-20　直齿圆柱齿轮啮合的画法

在剖视图中,一个齿轮的齿顶线与另一个齿轮的齿根线之间有 0.25mm 的间隙,被遮挡的齿顶线用虚线画出,也可省略不画。

齿轮要素间的计算关系如表 7-4 所示。

齿轮要素计算公式　　　　　　　　　　　　　　　　　　　表 7-4

名称及代号	公　式	名称及代号	公　式
模数 m	$m = p\pi = d/z$	齿根圆直径 d_f	$d_f = m(z - 2.5)$
齿顶高 h_a	$h_a = m$	齿形角 α	$\alpha = 20°$
齿根高 h_f	$h_f = 1.25m$	齿距 p	$P = \pi m$
全齿高 h	$h = h_a + h_f$	齿厚 s	$s = p/2 = \pi m/2$
分度圆直径 d	$d = mz$	槽宽 e	$e = p/2 = \pi m/2$
齿顶圆直径 d_a	$d_a = m(z + 2)$	中心距 a	$a = (d_1 + d_2)/2 = m(Z_1 + Z_2)/2$

任务实施

1. 小组讨论单个齿轮的画法并确定相关尺寸,绘制在空白处。

设定 $m = 4$, $Z = 10$, 轴孔直径为 14, 计算下列要素的值。

齿顶圆直径:＿＿＿＿＿＿＿＿。

齿根圆直径:＿＿＿＿＿＿＿＿。

分度圆直径:＿＿＿＿＿＿＿＿＿。

2.小组讨论啮合齿轮的画法并确定相关尺寸,绘制在空白处。

设定 $m=4$, $Z_1=8$, 轴孔直径为 10, $Z_2=10$, 轴孔直径为 14, 计算下列要素的值。

齿顶圆直径:＿＿＿＿＿＿＿＿＿。

齿根圆直径:＿＿＿＿＿＿＿＿＿。

分度圆直径:＿＿＿＿＿＿＿＿＿。

中心距:＿＿＿＿＿＿＿＿＿。

评价反馈

1.学习自测题。

(1)单个齿轮的齿顶圆用(　　)表示。

    A.粗实线　　　　　　　　　B.细实线　　　　　　　　C.细点划线

(2)单个齿轮视图中的齿根线用(　　)表示。

    A.粗实线　　　　　　　　　B.细实线　　　　　　　　C.细点划线

(3)单个齿轮剖视图中的齿根线用(　　)表示。

    A.粗实线　　　　　　　　　B.细实线　　　　　　　　C.细点划线

（4）在啮合齿轮的剖视图中,两个分度圆的关系是(　　)。

    A. 相交   B. 相切   C. 平行

（5）在啮合齿轮的剖视图中,从动轮的齿顶线用(　　)表示。

    A. 粗实线   B. 虚线   C. 细点划线

2. 学习目标达成度的自我检查如表7-5所示。

自 我 检 查 表　　　　　　　　　　　　表7-5

序号	学 习 目 标	达成情况（在相应选项后打"√"）		
		能	不能	如不能,是什么原因
1	掌握单个齿轮的画法			
2	掌握啮合齿轮的画法			

3. 日常表现性评价(由小组长或组员间互评)。

（1）工作页填写情况(　　)。

    A. 填写完整   B. 缺填0~20%   C. 缺填20%~40%   D. 缺填40%以上

（2）工作着装是否规范(　　)。

    A. 穿着校服,佩戴胸卡   B. 校服或胸卡缺一项

    C. 偶尔穿着校服,佩戴胸卡   D. 一直不穿着校服,不佩戴胸卡

（3）是否达到全勤(　　)。

    A. 全勤   B. 缺勤0~20%(请假)

    C. 缺勤0~20%(旷课)   D. 缺勤20%以上

（4）总体印象评价(　　)。

    A. 非常优秀   B. 比较优秀   C. 有待改进   D. 急需改进

小组长签名:

年　　月　　日

4. 教师总体评价。

（1）该同学所在小组整体印象评价(　　)。

    A. 组长负责,组内学习气氛好

    B. 组长能组织组员按要求完成学习任务,个别组员不能达成学习目标

    C. 组内有30%以上的组员不能达成学习目标

    D. 组内大部分组员不能达成学习目标

（2）对该同学整体印象评价:

教师签名:

年　　月　　日

任务5 绘制键、销连接的视图

学习目标

完成本学习任务后,你应当能:

1. 掌握键连接的画法;

2. 理解销连接的画法。

工作任务

正确绘制如图7-21所示的普通平键的连接图。理解销连接的画法。

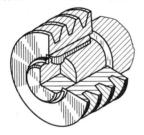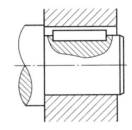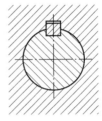

图7-21 键连接示例

相关理论

1. 键连接。

键连接是一种可拆连接。键通常用于连接轴和装在轴上的齿轮、带轮等传动零件,起传递转矩的作用,如图7-22所示。键是标准件,常用的键有普通平键、半圆键和钩头楔键等,如图7-23所示。

这里主要介绍应用最多的A型普通平键及其画法。

普通平键的公称尺寸为 $b \times h$(键宽 × 键高),可根据轴的直径在相应的标准中查到。

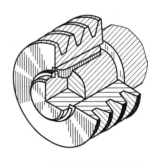

图7-22 键与轴同时装入轴孔

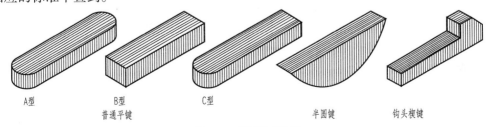

| A型 | B型 | C型 | 半圆键 | 钩头楔键 |
| 普通平键 | | | | |

图7-23 不同类型的键

普通平键的规定标记为键宽 b × 键长 L。例如：$b=18\text{mm}$，$h=11\text{mm}$，$L=100\text{mm}$ 的圆头普通平键（A 型），应标记为：键 $18\times11\times100\text{GB/T1096—2003}$（A 型可不标出 A）。

图 7-24a)、b)所示为轴和轮毂上键槽的表示法和尺寸注法（未注尺寸数字）。图 7-24 中 c)所示为普通平键连接的装配图画法。

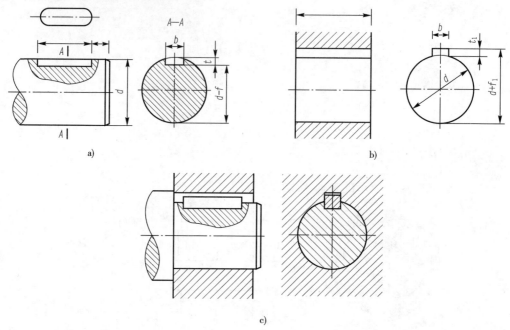

图 7-24　键连接图

注意：此图为轴和齿轮用键连接的装配画法，剖切平面通过轴和键的轴线或对称面，轴和键均按不剖形式画出。为了表示轴上的键槽，采用了局部剖视。键的顶面和轮毂键槽的底面有间隙，应画两条线。

2. 销连接。

销通常用于零件之间的连接、定位和防松，常见的有圆柱销、圆锥销和开口销等，它们都是标准件。圆柱销和圆锥销可以连接零件，也可以起定位作用（限定两零件间的相对位置），如图 7-25、图 7-26、图 7-27 所示。开口销常用在螺纹连接的装置中，以防止螺母的松动，如图 7-28 所示。

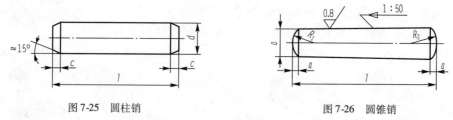

图 7-25　圆柱销　　　　　　　　图 7-26　圆锥销

（1）圆柱销。

（2）圆锥销。

（3）开口销。开口销常与六角开槽螺母配合使用，它穿过螺母上的槽和螺杆上的孔，并将销的尾部叉开，以防止螺母松动或限定其他零件在装配体中的位置。

注意:在销连接中,两零件上的孔是在零件装配时一起配钻的。因此,在零件图上标注销孔的尺寸时,应注明"配钻"。

绘图时,销的有关尺寸从标准中查找并选用。在剖视图中,当剖切平面通过销的回转轴线时,按不剖处理,如图7-28所示。

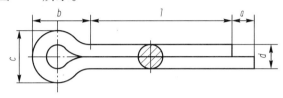

图 7-27　开口销

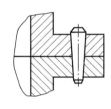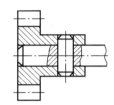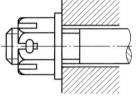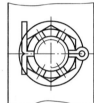

图 7-28　销连接图

 任务实施

小组讨论键连接的画图步骤并将键连接图画在空白处。

$L = 16$,孔径 $d = 20$,键的尺寸为 $6 \times 6 \times 16$。

 评价反馈

1.学习自测题。

(1)普通平键的类型分为 A、B 和(　　　　)。

　　A. R　　　　　　　　　　B. C　　　　　　　　　　C. E

(2)普通平键的工作面是(　　　　)。

　　A. 底面　　　　　　　　　B. 两侧面　　　　　　　　C. 上面

(3)键连接是一种(　　)连接。

  A.可拆   B.不可拆卸   C.不能拆卸

(4)剖切平面通过轴和键的轴线或对称面,轴和键均按(　　)形式画出。

  A.不剖   B.剖视图   C.任意

(5)销通常用于零件之间的连接(　　)和防松。

  A.定位   B.定形   C.支持

(6)常见的有(　　)、圆锥销和(　　)等。

  A.开口销   B.圆柱销   C.圆台销

2.学习目标达成度的自我检查如表7-6所示。

自 我 检 查 表 表7-6

序号	学 习 目 标	达成情况(在相应选项后打"√")		
		能	不能	如不能,是什么原因
1	掌握键连接的画法			
2	理解销连接的画法			

3.日常表现性评价(由小组长或组员间互评)。

(1)工作页填写情况(　　)。

  A.填写完整   B.缺填0~20%   C.缺填20%~40%   D.缺填40%以上

(2)工作着装是否规范(　　)。

  A.穿着校服,佩戴胸卡   B.校服或胸卡缺一项

  C.偶尔穿着校服,佩戴胸卡   D.一直不穿着校服,不佩戴胸卡

(3)是否达到全勤(　　)。

  A.全勤   B.缺勤0~20%(请假)

  C.缺勤0~20%(旷课)   D.缺勤20%以上

(4)总体印象评价(　　)。

  A.非常优秀   B.比较优秀   C.有待改进   D.急需改进

小组长签名:

年　　月　　日

4.教师总体评价。

(1)该同学所在小组整体印象评价(　　)。

  A.组长负责,组内学习气氛好

  B.组长能组织组员按要求完成学习任务,个别组员不能达成学习目标

  C.组内有30%以上的组员不能达成学习目标

  D.组内大部分学组不能达成学习目标

(2)对该同学整体印象评价:

教师签名:

年　　月　　日

任务6 识读弹簧、滚动轴承和中心孔

学习目标

完成本学习任务后,你应当能:
1. 掌握弹簧的画法;
2. 识读轴承的表示法;
3. 识读中心孔的表示法。

工作任务

正确绘制如图7-29所示的弹簧的视图,了解滚动轴承和中心孔的表示方法(图7-30)。

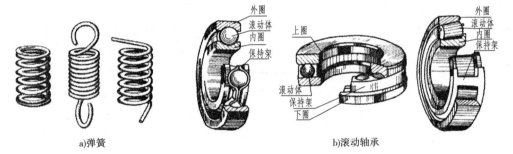

a)弹簧   b)滚动轴承

图7-29 弹簧和滚动轴承

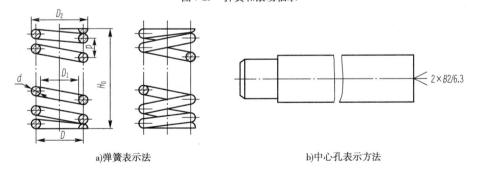

a)弹簧表示法   b)中心孔表示方法

图7-30 弹簧和中心孔表示方法

相关理论

1. 弹簧。

弹簧是用途很广的常用零件。

(1)弹簧的作用。

弹簧的作用有减震、夹紧、储存能量、测力等。

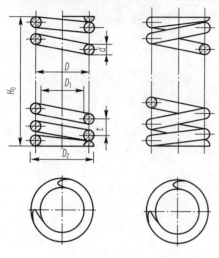

图 7-31　弹簧画法

（2）画法。

①用直线代替螺旋线的投影。

②螺旋弹簧均可画成右旋，左旋弹簧无论画成左旋或右旋一律要加注旋向方向"左"字。

③圈数（有效圈）在四圈以上的螺旋弹簧，中间各圈可省略，只画出其两端的 1~2 圈（不包括支承圈），中间只需用细点画线连接，省略后要注明自由高度。

④装配图中当弹簧钢丝的直径小于或等于 2mm 时，其断面可以涂黑表示。

例：对于两端并紧、磨平的压缩弹簧，其做图步骤如图 7-31 所示。

2. 滚动轴承。

（1）滚动轴承的代号。

滚动轴承代号如图 7-32 所示，可查阅标准 GB/T 272—1993《滚动轴承　代号方法》，它是由字母加数字来表示滚动轴承的结构、尺寸、公差等级、技术性能等特征的产品符号，它由基本代号、前置代号和后置代号构成；前、后置代号是当轴承在结构形状、尺寸、公差、技术要求等改变时，在其基本代号左右添加补充的代号。后置代号由轴承游隙代号和轴承公差等级代号组成，当游隙为基本组和公差等级为 0 级时可省略。基本代号一般由 5 位数字组成，从右边数起，它们的含义是：当内径在 20~495mm 时，第一、二位数字代号表示轴承的内径（如代号 00、01、02、03 分别表示内径 d = 10、12、15、17mm；代号 ≥04 时，该数字乘以 5 即为轴承的内径）；第三、四位数字为轴承内径系列代号，其中第三位表示直径系列，第四位表示宽度系列，即在内径相同时，有各种不同的外径和宽度；第五位数字表示轴承的类型，如"6"表示深沟球轴承，"3"表示圆锥滚子轴承，"5"表示推力球轴承。例如轴承 6206GB/T 276—1994 表示如图 7-32 所示。

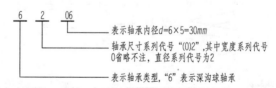

图 7-32　轴承代号

（2）常用滚动轴承的形式和规定画法如表 7-7 所示。

3. 中心孔。

（1）中心孔的符号如表 7-8 所示。

①在完工零件上要求保留中心孔"<"。

②在完工零件上可以保留中心孔""。

③在完工的零件上不允许保留中心孔"K"。

滚动轴承的画法   表 7-7

名　称	特征画法	规定画法	应　用
深沟球轴承 60000 型 （GB/T 276—2013）			主要用于承受径向载荷
圆锥滚子轴承 30000 型 （GB/T 297—1994）			用于同时承受径向载荷和轴向载荷
推力球轴承 50000 型 （GB/T 28697—2012）			用于承受轴向载荷

中心孔标注   表 7-8

要　求	符　号	标注示例	解　释
在完工的零件上要求保留中心孔		GB/T 4459.5— B2.5/8	要求做出 B 型中心孔 $D = 2.5D_1 = 8$ 在完工的零件上要求保留

要　　求	符　　号	标 注 示 例	解　　释
在完工的零件上可以保留中心孔		GB/T 4459.5—A4/8.5	用 A 型中心孔 $D = 4$，$D_1 = 8.5$ 在完工的零件上是否保留都可以
在完工的零件上不允许保留中心孔		GB/T 4459.5—A1.6/3.35	用 A 型中心孔 $D = 1.6$，$D_1 = 3.35$ 在完工的零件上不允许保留

（2）中心孔的标记。

中心孔的形式有四种，如图 7-33 所示。

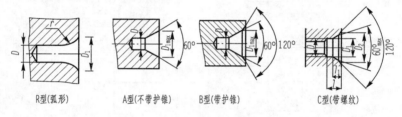

R型(弧形)　　A型(不带护锥)　　B型(带护锥)　　C型(带螺纹)

图 7-33　中心孔

（3）中心孔表示法。

①规定表示法。

a. 对于已经有相应标准规定的中心孔，在图样中可不绘制其详细结构，只需在零件轴端面绘制出对中心孔要求的符号，随后标注出其相应标记（如表 7-8 所示）。

b. 如需要指明中心孔标记中的标准编号时，可按图 7-34 所示方法标注。

图 7-34　中心孔的规定表示方法（一）

c. 以中心孔的轴线为基准，基准代号可按图 7-35 右图所示方法标注。

d. 中心孔工作表面的粗糙度应在引出线上标出，如图 7-35 所示。

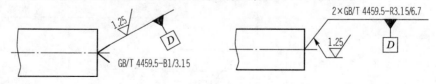

图 7-35　中心孔的规定表示方法（二）

②简化表示法，如图 7-36 所示。

a. 在不致引起误解时.可省略标记中的标准编号。

b. 如同一轴的两端中心孔相同,可只在其一端标出,但应注明数量。

图 7-36 中心孔的简化画法

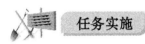 **任务实施**

小组讨论弹簧的画图步骤并将弹簧画在空白处。

已知圆柱螺旋压缩弹簧的簧丝直径为 $d = 10\text{mm}$,弹簧中径 $D_2 = 50\text{mm}$,节距 $t = 15\text{mm}$,自由高度 $H_0 = 100\text{mm}$,右旋。用 $1:1$ 画出弹簧剖视全图。

 拓展训练

1. 补全如图 7-37 所示所缺图线,并解释螺纹标注的含义。

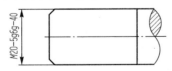

图 7-37 补全螺纹

$M20\text{-}5g6g\text{-}40$ 的含义:

2.完成两齿轮的啮合图,如图 7-38 所示。

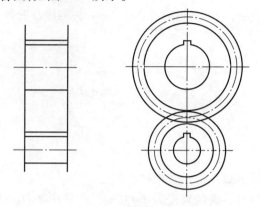

图 7-38　补全齿轮

 评价反馈

1.学习自测题。

(1)螺旋弹簧均可画成右旋,左旋弹簧一律要加注旋向方向(　　)字。

　　A.左　　　　　　　　B.右　　　　　　　　C.任意均可

(2)圈数(有效圈)在(　　)圈以上的螺旋弹簧,中间各圈可省略,只画出其两端的 1～2 圈(不包括支承圈),中间只需用细点画线连接,省略后,但要注明自由高度。

　　A.一　　　　　　　　B.二　　　　　　　　C.四

(3)中心孔的形式有(　　)种。

　　A.一　　　　　　　　B.二　　　　　　　　C.四

(4)中心孔的形式有以下哪几种(　　)。

　　A.R 型(弧形)　　　B.A 型(不带护锥)　　C.B 型(带护锥)　　　　D.C 型(带螺纹)

(5)在完工零件上要求保留中心孔的表示法为(　　)。

　　A.“＜”　　　　　　B.“”　　　　　　　C.“K”

(6)在完工的零件上不允许保留中心孔的表示法为(　　)。

　　A.“＜”　　　　　　B.“”　　　　　　　C.“K”

2.学习目标达成度的自我检查如表 7-9 所示。

自 我 检 查 表　　　　　　　　　　　　　　　　　　　　表 7-9

序号	学习目标	达成情况(在相应选项后打"√")		
		能	不能	如不能,是什么原因
1	掌握弹簧的画法			
2	识读轴承的表示法			
3	识读中心孔的表示法			

3.日常表现性评价(由小组长或组员间互评)。

(1)工作页填写情况(　　)。

A. 填写完整　　B. 缺填 0~20%　　C. 缺填 20%~40%　　D. 缺填 40% 以上

(2)工作着装是否规范(　　)。

　　A. 穿着校服,佩戴胸卡　　　　　B. 校服或胸卡缺一项

　　C. 偶尔穿着校服,佩戴胸卡　　　D. 一直不穿着校服,不佩戴胸卡

(3)是否达到全勤(　　)。

　　A. 全勤　　　　　　　　　　　　B. 缺勤 0~20%(请假)

　　C. 缺勤 0~20%(旷课)　　　　　D. 缺勤 20% 以上

(4)总体印象评价(　　)。

　　A. 非常优秀　　B. 比较优秀　　C. 有待改进　　D. 急需改进

小组长签名:

年　　月　　日

4. 教师总体评价。

(1)该同学所在小组整体印象评价(　　)。

　　A. 组长负责,组内学习气氛好

　　B. 组长能组织组员按要求完成学习任务,个别组员不能达成学习目标

　　C. 组内有 30% 以上的组员不能达成学习目标

　　D. 组内大部分组员不能达成学习目标

(2)对该同学整体印象评价:

教师签名:

年　　月　　日

项目八 零件图

★任务1 零件图概述及零件结构形状的表达

完成本学习任务后,你应当能:

1. 掌握零件图的内容;
2. 掌握零件图的结构表达。

工作任务

识读如图 8-1 所示从动轴零件图。

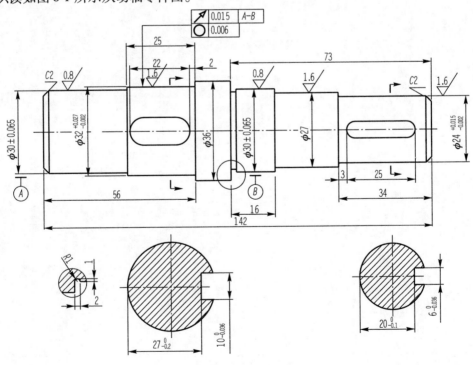

图 8-1 从动轴零件图

相关理论

在机械产品的生产过程中,加工和制造各种不同形状的机器零件时,一般是先根据零件图对零件材料和数量的要求进行备料,然后按图纸中零件的形状、尺寸与技术要求进行加工制造,同时还要根据图纸上的全部技术要求,检验被加工零件是否达到规定的质量指标。由此可见,零件图是设计部门提交给生产部门的重要技术文件,它反映了设计者的意图,表达了对零件的要求,是生产中进行加工制造与检验零件质量的重要技术性文件。

1.零件图和装配图的作用。

(1)装配图表示机器或部件的工作原理、零件间的装配关系和技术要求。

(2)零件图则表示零件的结构形状、大小和有关技术要求,并根据它加工制造零件。

2.零件图的内容。

如图 8-2 所示,一张完整零件图包括下列内容。

(1)一组图形:选用合适的图形把零件正确、完整清晰地表达出来。

(2)全部尺寸:正确、完整、清晰、合理表达。

(3)技术要求:用规定的符号、标记、代号和文字简明地表达出零件制造和检验时所应达到的各项技术指标,如表面粗糙度、尺寸公差、形状和位置公差、热处理等。

(4)标题栏。

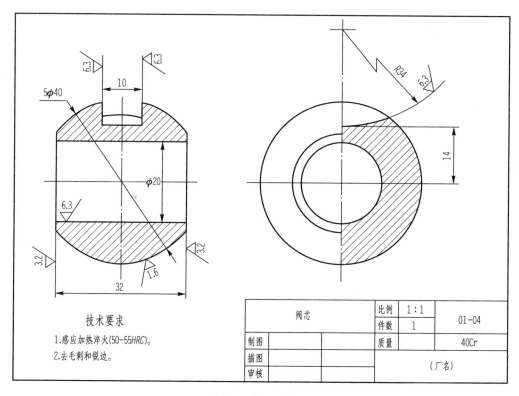

		比例	1:1	
阀芯		件数	1	01-04
制图			质量	40Cr
描图				
审核				(厂名)

技术要求

1.感应加热淬火(50-55*HRC*)。

2.去毛刺和锐边。

图 8-2 阀芯零件图

3. 零件结构形状的表达,如图8-3所示。

(1)主视图的选择。

①确定主视图中零件的安放位置。

a. 零件的加工位置:零件在机械加工时必须固定并加紧在一定的位置上,选择主视图时,应尽量与零件的加工位置一致,使加工时看图方便。

b. 零件的工作位置:以便与装配图直接对照。

②确定主视图的投射方向。

a. 主视图的投影方向,以能较明显地反映零件的形状特征为原则。

b. 在选择视图时,应优先使用基本视图及在基本视图上做剖视图。

(2)其他视图的选择。

首先考虑看图方便,在完整、清晰表达零件结构形状的前提下,尽量减少视图的数量,力求制图简便。

4. 零件表达方案选择举例如图8-3所示。

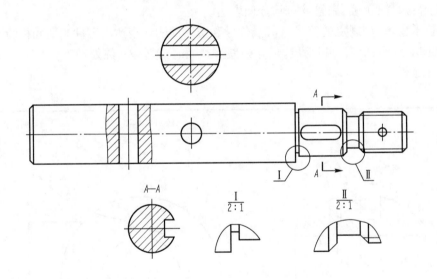

图8-3 零件表达方案举例

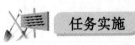 **任务实施**

1. 小组讨论,并完成识读如图8-4所示从动轴零件图。

(1)从动轴共用_____个图形表达,有_____个基本视图,两个_____图和一个_____图。

(2)选择主视图时,应尽量与零件的_____一致,使加工时看图方便。

2. 识读齿轮轴零件图如图8-5所示,并填空。

(1)齿轮轴共用_____图形表达,有_____基本视图和一个_____图。

(2)此图的材料是_____,比例为_____,模数为_____,齿数_____。

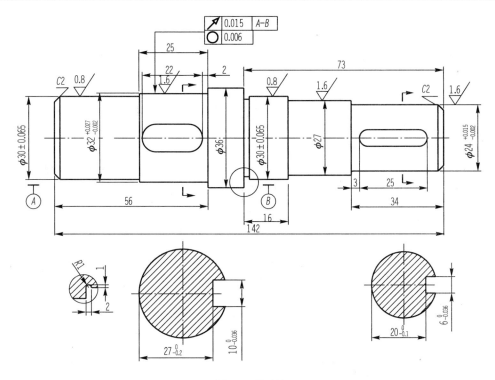

图 8-4　从动轴

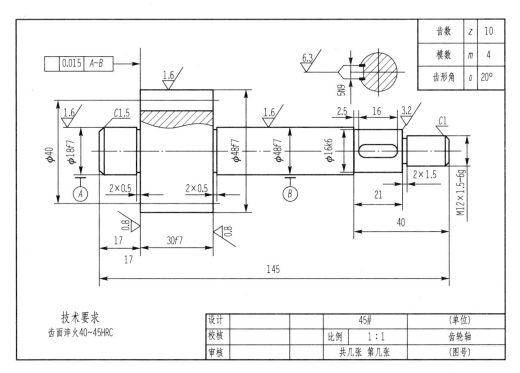

齿数	z	10
模数	m	4
齿形角	a	20°

技术要求
齿面淬火40~45HRC

设计		45#	（单位）
校核		比例	1:1	齿轮轴
审核		共几张　第几张		（图号）

图 8-5　齿轮轴

评价反馈

1.学习自测题。

(1)选择主视图时先确定主视图中零件的安放位置,安放位置有(　　)和(　　)。

　　A.加工位置　　　　　　B.工作位置　　　　　　C.任意位置

(2)零件图的内容不包括以下哪项(　　)。

　　A.一组图形　　　　B.标题栏　　　　　　C.技术要求　　　　　D.明细栏

2.学习目标达成度的自我检查如表8-1所示。

自我检查表 表8-1

序号	学习目标	达成情况(在相应选项后打"√")		
		能	不能	如不能,是什么原因
1	掌握零件图的内容			
2	掌握零件图的结构表达			

3.日常表现性评价(由小组长或组员间互评)。

(1)工作页填写情况(　　)。

　　A.填写完整　　　B.缺填0~20%　　　C.缺填20%~40%　　　D.缺填40%以上

(2)工作着装是否规范(　　)。

　　A.穿着校服,佩戴胸卡　　　　　　　B.校服或胸卡缺一项

　　C.偶尔穿着校服,佩戴胸卡　　　　　D.一直不穿着校服,不佩戴胸卡

(3)是否达到全勤(　　)。

　　A.全勤　　　　　　　　　　　　　B.缺勤0~20%(请假)

　　C.缺勤0~20%(旷课)　　　　　　　D.缺勤20%以上

(4)总体印象评价(　　)。

　　A.非常优秀　　　B.比较优秀　　　C.有待改进　　　　D.急需改进

小组长签名:

年　　月　　日

4.教师总体评价。

(1)该同学所在小组整体印象评价(　　)。

　　A.组长负责,组内学习气氛好

　　B.组长能组织组员按要求完成学习任务,个别组员不能达成学习目标

　　C.组内有30%以上的组员不能达成学习目标

　　D.组内大部分组员不能达成学习目标

(2)对该同学整体印象评价:

教师签名:

年　　月　　日

任务2 零件上的常见工艺结构

完成本学习任务后,你应当能:
1. 掌握各种工艺结构的表示方法;
2. 积累画图、识图能力。

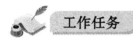

识读如图8-6所示从动轴零件图相关内容。

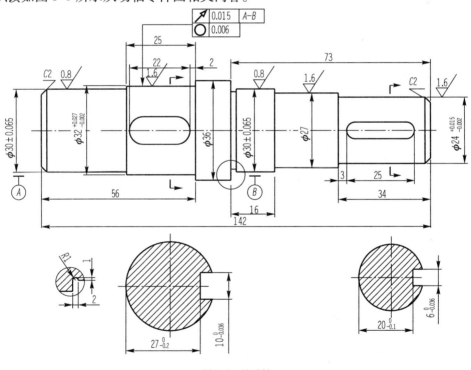

图8-6 从动轴

 相关理论

1. 铸造工艺结构。

(1)起模斜度(图中可不标注)如图8-7所示。

造型时,为了将模型从砂型中顺利取出,沿起模方向做成一定斜度。一般在1:20～1:10之间。

（2）铸造圆角如图8-7所示。

①为防止起模或浇铸时砂型在尖角处脱落和避免铸件冷却收缩时在尖角处产生裂缝，铸件各表面相交处应做成圆角。

②过渡线。

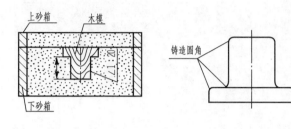

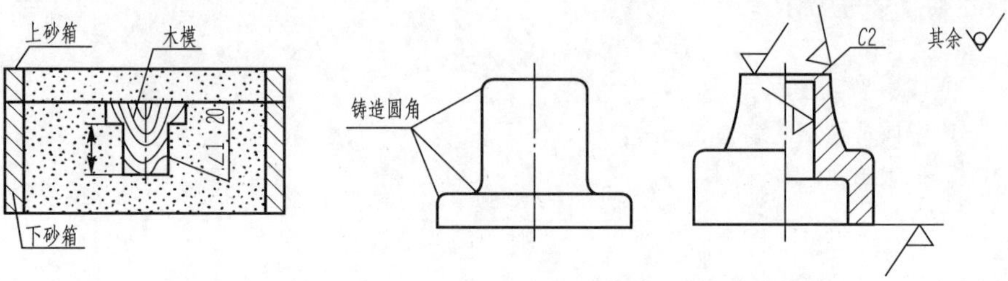

图8-7 起模斜度和铸造圆角

（3）铸件壁厚如图8-8所示。

铸件壁厚应保持大致相等或逐渐变化。否则铸件易产生缩孔、裂纹等缺陷。

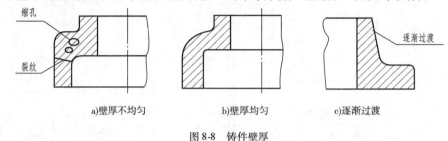

a)壁厚不均匀　　　　b)壁厚均匀　　　　c)逐渐过渡

图8-8 铸件壁厚

2. 机械加工工艺结构。

（1）倒圆和倒角如图8-9所示。

为了去除毛刺、锐边和便于装配，常在轴或孔的端部，加工成圆台面，称为倒角。为避免应力集中而产生裂纹，轴肩处一般加工成圆角过度，称为倒圆。

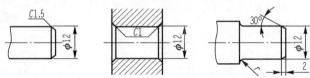

图8-9 倒角和倒圆

（2）退刀槽和砂轮越程槽如图8-10、图8-11所示。

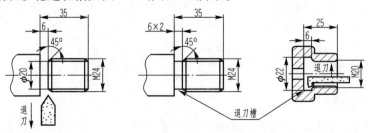

图8-10 退刀槽

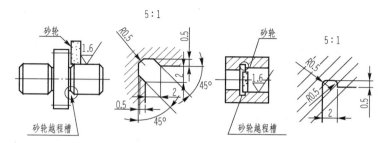

图 8-11 退刀槽和砂轮越程槽

切削加工时(主要是车螺纹和磨销),为了便于退出刀具或砂轮,以及在装配时保证与相邻零件靠紧,常在待加工面的轴肩处先车出退刀槽或越程槽。

(3)凸台和凹坑(凹槽和凹腔)如图 8-12 所示。

凸台和凹坑可使零件间表面接触良好,减少加工面积。

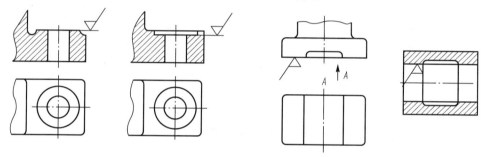

图 8-12 凸台和凹坑

(4)钻孔结构如图 8-13 所示。

尽可能使钻头轴线与被钻孔表面垂直,保证孔的精度;避免钻头弯曲或折断。

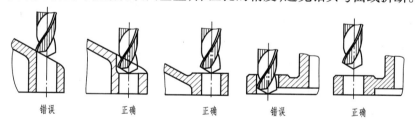

错误　　　　正确　　　　正确　　　　错误　　　　正确

图 8-13 钻孔结构

　任务实施

1. 识读从动轴零件图如图 8-14 所示,回答问题。

(1)从动轴的零件图中有一个_____表达在原视图中无法清楚表达的部分;

(2)从动轴零件图中的两个移出断面图是为了表达_____的结构;

(3)零件两端有_____结构。

2. 如图 8-15 所示,指出其工艺结构:它有____处倒角,其尺寸分别为_____,有____处退刀槽,其尺寸为_____。

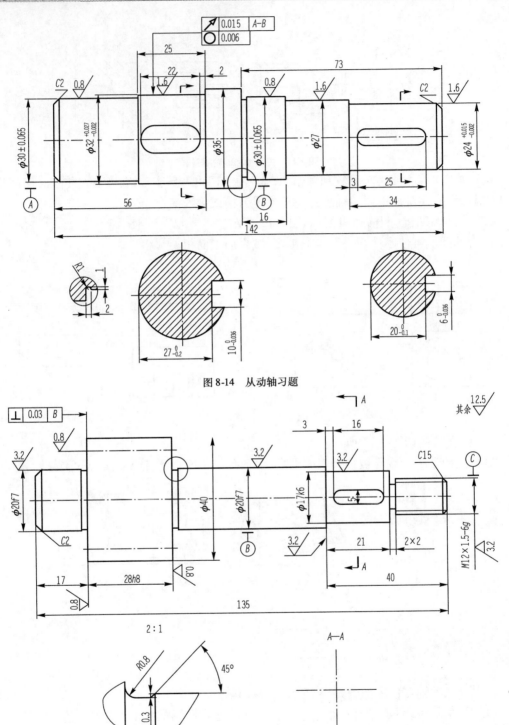

图 8-14　从动轴习题

图 8-15　齿轮轴习题

评价反馈

1.学习自测题。

(1)以下属于铸造工艺结构的有( )。

    A.倒角　　　　　　　　B.倒圆　　　　　　　　C.起模斜度

(2)常在轴或孔的端部的结构是( )。

    A.倒角　　　　　　　　B.倒圆　　　　　　　　C.退刀槽

(3)在用钻头钻孔时,为了要保证孔的精度,应尽可能使钻头轴线与被钻孔表面保持( )关系。

    A.垂直　　　　　　B.平行　　　　　　C.倾斜

2.学习目标达成度的自我检查如表8-2所示。

自 我 检 查 表　　　　　　　　　　　　　　　　　表8-2

序号	学习目标	达成情况(在相应选项后打"√")		
		能	不能	如不能,是什么原因
1	掌握各种工艺结构的表示方法			
2	积累画图、识图能力			

3.日常表现性评价(由小组长或组员间互评)。

(1)工作页填写情况( )。

    A.填写完整　　B.缺填0～20%　　C.缺填20%～40%　　D.缺填40%以上

(2)工作着装是否规范( )。

    A.穿着校服,佩戴胸卡　　　　　　　B.校服或胸卡缺一项

    C.偶尔穿着校服,佩戴胸卡　　　　　D.一直不穿着校服,不佩戴胸卡

(3)是否达到全勤( )。

    A.全勤　　　　　　　　　　　　　B.缺勤0～20%(请假)

    C.缺勤0～20%(旷课)　　　　　　D.缺勤20%以上

(4)总体印象评价( )。

    A.非常优秀　　B.比较优秀　　C.有待改进　　　　D.急需改进

小组长签名:

                            年　　月　　日

4.教师总体评价。

(1)该同学所在小组整体印象评价( )。

    A.组长负责,组内学习气氛好

    B.组长能组织组员按要求完成学习任务,个别组员不能达成学习目标

    C.组内有30%以上的组员不能达成学习目标

    D.组内大部分组员不能达成学习目标

(2)对该同学整体印象评价:

教师签名:

                            年　　月　　日

任务3 标注零件图上的尺寸

完成本学习任务后,你应当能:

1. 叙述尺寸基准的定义和种类;
2. 掌握零件图尺寸的标注顺序和方法;
3. 熟练地标注零件图。

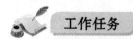

企业接到了踏脚座这个零件的订单,如图 8-16 所示,工程师已把图形画好了,需要你标注这个零件图的尺寸。

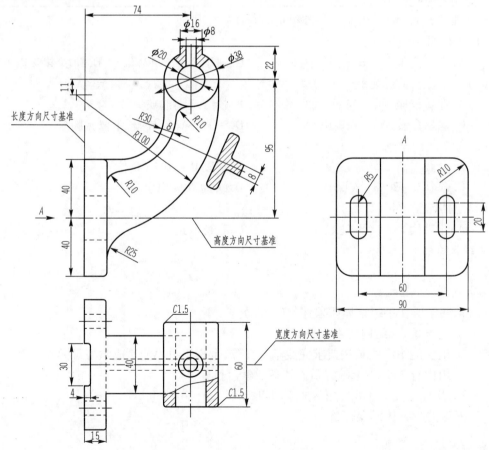

图 8-16 踏脚座

相关理论

零件图的尺寸是零件加工制造和检验的重要依据。

1. 主要尺寸必须直接注出。

主要尺寸是指直接影响零件在机器或部件中的工作性能和准确位置的尺寸,如零件间的配合尺寸、重要的安装尺寸、定位尺寸等。如图 8-17a)所示的轴承座,轴承孔的中心高 h_1 和安装孔的间距尺寸 L_1 必须直接注出,而不应采取图 8-17b)所示的主要尺寸 h_1 和 l_1 没有直接注出,要通过其他尺寸 h_2、h_3 和 l_2、l_3 间接计算得到,从而造成尺寸误差的积累。

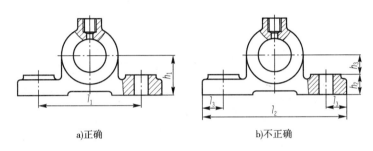

a)正确   b)不正确

图 8-17　主要尺寸要直接注出

2. 合理地选择基准。

(1)尺寸基准一般选择零件上的一些面和线。面基准常选择零件上较大的加工面、与其他零件的结合面、零件的对称平面、重要端面和轴肩等。如图 8-18 所示的轴承座,高度方向的尺寸基准是安装面,也是最大的面;长度方向的尺寸以左右对称面为基准;宽度方向的尺寸以前后对称面为基准。线一般选择轴和孔的轴线、对称中心线等。如图 8-19 所示的轴,长度方向的尺寸以右端面为基准,并以轴线作为直径方向的尺寸基准,同时也是高度方向和宽度方向的尺寸基准。

(2)按用途基准可分为设计基准和工艺基准。设计基准是以面或线来确定零件在部件中准确位置的基准;工艺基准是为便于加工和测量而选定的基准。如图 8-18 所示,轴承座的底面为高度方向的尺寸基准,也是设计基准,由此标注中心孔的高度 30 和总高 57,再以顶面作为高度方向的辅助基准(也是工艺基准),标注顶面上螺孔的深度尺寸 10。如图 8-19 所示的轴,以轴线作为径向(高度和宽度)尺寸的设计基准,由此标注出所有直径尺寸(Φ)。轴的右端为长度方向的设计基准(主要基准),由此可以标注出 55、160、185、5、45,再以轴肩作为辅助基准(工艺基准),标注 2、30、38、7 等尺寸。

3. 避免出现封闭尺寸链。

一组首尾相连的链状尺寸称为尺寸链,如图 8-20a)所示的阶梯轴上标注的长度尺寸 D、B、C。组成尺寸链各个尺寸称为组成环,未注尺寸一环称为开口环。在标注尺寸时,应尽量避免出现图 8-20b)所示标注成封闭尺寸链的情况。因为长度方向尺寸 A、B、C 首尾相连,每个组成环的尺寸在加工后都会产生误差,则尺寸 D 的误差为三个尺寸误差的总和,不能满足设计要求。所以,应选一个次要尺寸空出不注,以便所有尺寸误差积累到这一段,保证主要尺寸的精度。图 8-20a)中没有标注出尺寸 A,就避免出现了标注封闭尺寸链的情况。

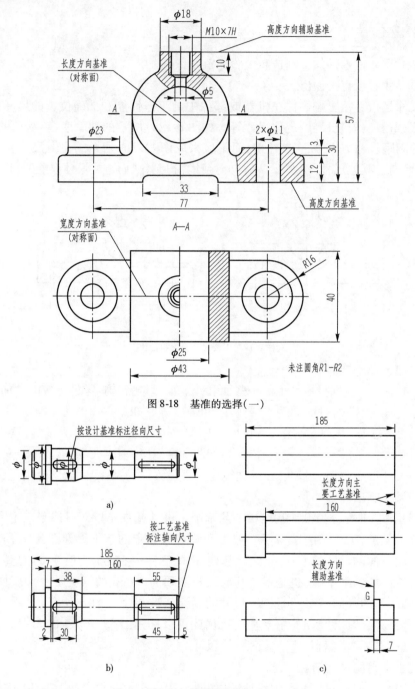

图 8-18 基准的选择(一)

图 8-19 基准的选择(二)

4. 标注尺寸要便于加工和测量。

(1)考虑符合加工顺序的要求。图 8-21a)所示的小轴,长度方向尺寸的标注符合加工顺序。从图 8-21b)所示的小轴在车床上的加工顺序①～④看出,从下料到每一加工工序,都在图中直接标注出所需尺寸(图中尺寸 51 为设计要求的主要尺寸)。

(2)考虑测量、检验方便的要求。图 8-22 是常见的几种断面形状。图 8-22a)中标注的尺寸便于测量和检验,而图8-22b)的尺寸不便于测量。同样,图8-23a)中所示的套筒中所标注的长度尺寸便于测量,图8-23b)所示的尺寸则不便于测量。

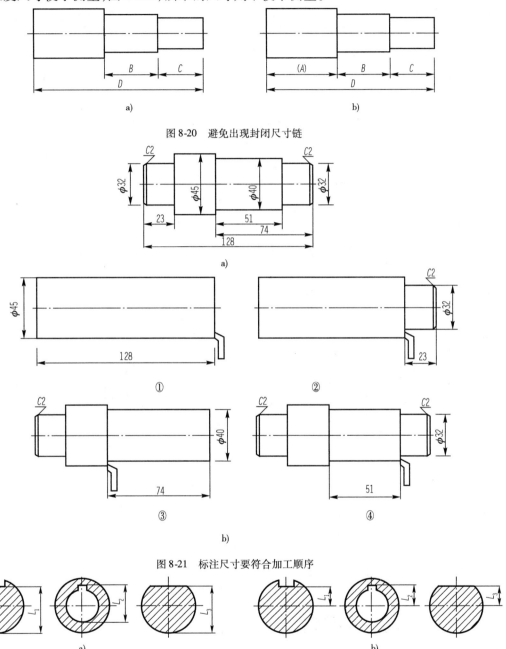

图8-20　避免出现封闭尺寸链

图8-21　标注尺寸要符合加工顺序

图8-22　标注尺寸要考虑便于测量(一)

5.典型零件图的尺寸标注示例(图8-24)。

(1)选取安装板的左端面作为长度方向的尺寸基准;选取安装板的水平对称面作为高度方向的尺寸基准;选取踏脚座前后方向的对称面作为宽度方向的尺寸基准。

(2)由长度方向的尺寸基准(左端面)标注出尺寸74,由高度方向的尺寸基准(安装板的

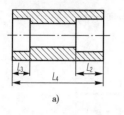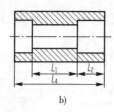

a)　　　　　　　　b)

图8-23　标注尺寸要考虑便于测量(二)

水平对称面)标注出尺寸95,从而确定上部轴承的轴线位置。

(3)由长度方向的定位尺寸74和高度方向的定位尺寸95已确定的轴承的轴线作为径向辅助基准,标注出 Φ20 和 Φ38。由轴承的轴线出发,按高度方向分别标注出22和11,确定轴承顶面和踏脚座连接板 R100 的圆心位置。

(4)由宽度方向的尺寸基准(踏脚座的前后对称面),在俯视图中标注出尺寸30、40、60,以及在 A 向局部视图中标注出尺寸60、90。

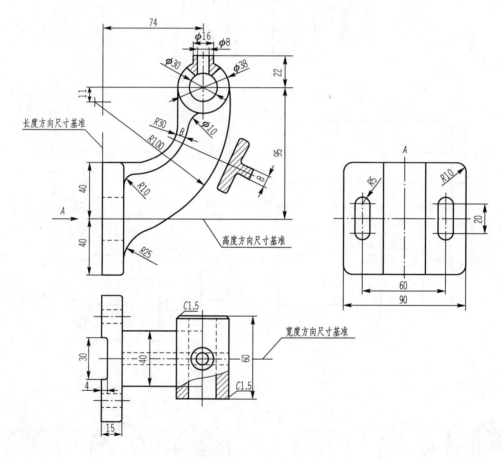

图8-24　踏脚座尺寸标注

　想 一 想

1.零件图的尺寸是零件＿＿＿＿＿＿和＿＿＿＿＿＿的重要依据。

2.尺寸基准一般选择零件上的一些＿＿＿＿＿＿。

3.基准可分为＿＿＿＿＿基准和＿＿＿＿＿基准。

任务实施

1. 准备工具：_____。

2. 参照图 8-16 画出零件的视图并标注（尺寸自定）。

评价反馈

1. 同桌之间互相提问尺寸基准的定义和种类、标注顺序和方法。

2. 学习目标达成度的自我检查如表 8-3 所示。

自我检查表 表8-3

序号	学习目标	达成情况(在相应选项后打"√")		
		能	不能	如不能,是什么原因
1	叙述尺寸基准的定义和种类			
2	掌握零件图尺寸的标注顺序和方法			
3	熟练地标注零件图			

3. 日常表现性评价(由小组长或组员间互评)。

(1)工作页填写情况(　　)。

  A. 填写完整　　B. 缺填0～20%　　C. 缺填20%～40%　　D. 缺填40%以上

(2)工作着装是否规范(　　)。

  A. 穿着校服,佩戴胸卡　　　　　　B. 校服或胸卡缺一项

  C. 偶尔穿着校服,佩戴胸卡　　　　D. 一直不穿着校服,不佩戴胸卡

(3)是否达到全勤(　　)。

  A. 全勤　　　　　　　　　　　　B. 缺勤0～20%(请假)

  C. 缺勤0～20%(旷课)　　　　　D. 缺勤20%以上

(4)总体印象评价(　　)。

  A. 非常优秀　　B. 比较优秀　　C. 有待改进　　　　D. 急需改进

小组长签名:

            年　　　月　　　日

4. 教师总体评价。

(1)该同学所在小组整体印象评价(　　)。

  A. 组长负责,组内学习气氛好

  B. 组长能组织组员按要求完成学习任务,个别组员不能达成学习目标

  C. 组内有30%以上的组员不能达成学习目标

  D. 组内大部分组员不能达成学习目标

(2)对该同学整体印象评价:

教师签名:

            年　　　月　　　日

★任务4 标注零件图上的表面粗糙度

完成本学习任务后,你应当能:

1. 叙述表面粗糙度的定义、符号;

2. 掌握表面粗糙度的标注方法;

3. 熟练地标注表面粗糙度;

4. 培养细心、耐心、静心的绘图习惯。

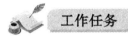 工作任务

企业接到了如图 8-25 所示零件订单,需要你在它的零件图上标注表面粗糙度。

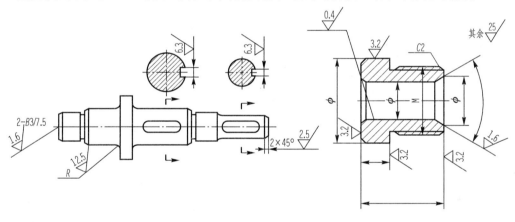

图 8-25 表面粗糙度示例

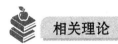 相关理论

表面粗糙度。

(1)定义:零件表面无论加工得多么光滑,将其放在放大镜或显微镜下观察,总可以看到不同程度的峰谷凸凹不平的情况。零件表面具有的这种较小间距的峰谷所组成的微观几何形状特征,称为表面粗糙度。

(2)影响因素:表面粗糙度与加工方法、使用刀具、零件材料等因素都有密切的关系。

(3)评定参数:常用轮廓算术平均值 R_a(单位:微米)来作为评定参数,它是在取样长度 L 内,轮廓偏距 Y 的绝对值的算术平均值。零件表面有配合要求或有相对运动要求的表面,R_a 值要求小。R_a 值越小,表面质量就越高,加工成本也高。在满足使用要求的情况下,应尽量选用较大的 R_a 值,以降低加工成本。

（4）表面粗糙度符号和代号,如表8-4、表8-5、表8-6所示。

表面粗糙度符号和代号   表8-4

符 号	意 义 及 说 明
H_1 60° 60° H_2	基本符号,表示表面可用任何方法获得。当不加注粗糙度参数值或有关说明时,仅适用于简化代号标注。($H_1 = 1.4h$, $H_2 = 2.1h$,符号线宽为 $1/10h$,h 为字高)
	基本符号加一短画,表示表面是用去除材料的方法获得。如:车、铣、钻、磨、剪切、气割、抛光、腐蚀、点火花加工等
	基本符号加一小圆,表示表面是用不去除材料的方法获得。如:铸、锻、冲压、热轧、冷轧、粉末冶金
	在上述三种符号的长边上均可加一横线,用于标注有关参数和说明
	在上述三种符号上均可加一小圆,表示所有表面具有相同的表面粗糙度要求

表面粗糙度代号(R_a)的意义   表8-5

符 号	意 义 及 说 明
3.2	用任何方法获得的表面粗糙度,R_a 的上限值为 $3.2\mu m$
3.2	用去除材料的方法获得的表面粗糙度,R_a 的上限值为 $3.2\mu m$
3.2	用不去除材料的方法获得的表面粗糙度,R_a 的上限值为 $3.2\mu m$
3.2max	用去除材料的方法获得的表面粗糙度,R_a 的最大值为 $3.2\mu m$
12.5	表示所有表面具有相同的表面粗糙度,R_a 的上限值为 $12.5\mu m$

常用的表面粗糙度 R_a 值与加工方法   表8-6

表 面 特 征		示 例	加 工 方 法	适 用 范 围
加工面	粗加工面	100 50 25	粗车、刨、铣等	非接触表面,如倒角、钻孔等
	半光面	12.5 6.3 3.2	粗铰、粗磨、扩孔、精镗、精车、精铣等	精度要求不高的接触表面
	光面	1.6 0.8 0.4	铰、研、刮、精车、精磨、抛光等	高精度的重要配合表面
	最光面	0.2 0.1 0.05	研磨、镜面磨、超精磨等	重要的装饰面
毛坯面			经表面清理过的铸、锻件表面、轧制件表面	不需要加工的表面

（5）表面粗糙度的标注方法。

①表面粗糙度代（符）号应标注在可见轮廓线、尺寸界线、引出线或其延长线上。

符号的尖端必须从材料外指向被注表面，代号中数字的方向必须与尺寸数字方向一致。对其中使用最多的代（符）号可统一标注在图样右上角，并加注"其余"两字，且高度是图形中其他代号的1.4倍，如图8-26、图8-27所示。

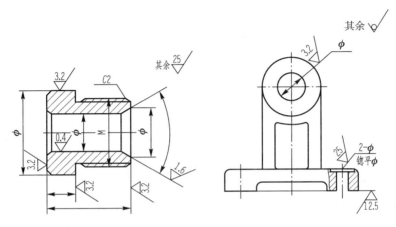

图 8-26　表面粗糙度的注法　　　　图 8-27　表面粗糙度的引出注法

②在同一图样上，每一表面一般只标注一次代（符）号，并尽可能靠近有关尺寸线，当位置不够时，可引出标注，如图8-28、图8-29、图8-30所示。

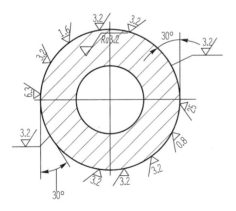

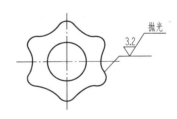

图 8-28　倾斜表面的表面粗糙度的注法　　　图 8-29　连续表面的表面粗糙度的注法

③各倾斜表面的代（符）号必须使其中心线的尖端垂直指向材料的表面并使符号的长划保持在顺（逆）时针方向旋转时一致，如图8-28所示。

④零件上连续表面及重复要素（孔、齿、槽等），只标注一次，如图8-29所示。

⑤当零件的所有表面具有相同的表面粗糙度时，其代（符）号可在图样的右上角统一标注，其符号的高度是图中其他代号的1.4倍，如图8-30所示。

⑥同一表面上有不同的表面粗糙度要求时，用细实线画出其分界线，注出尺寸和相应的表面粗糙度代（符）号，如图8-31所示。

⑦螺纹、齿轮的表面粗糙度注法如图8-32所示。

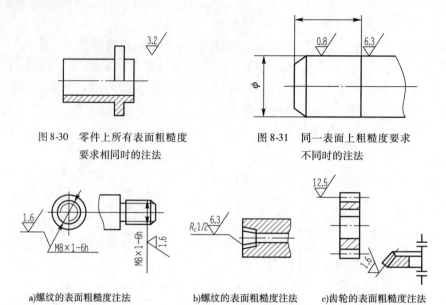

图 8-30 零件上所有表面粗糙度
要求相同时的注法

图 8-31 同一表面上粗糙度要求
不同时的注法

a)螺纹的表面粗糙度注法　　　　b)螺纹的表面粗糙度注法　　　　c)齿轮的表面粗糙度注法

图 8-32 螺纹、齿轮等工作表面没有画出牙(齿)形时的表面粗糙度注法

⑧中心孔、键槽的工作表面和倒角、圆角的表面粗糙度代(符)号,可以简化标注,如图 8-33所示。

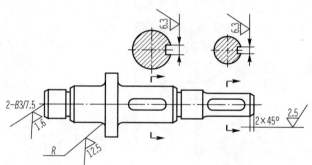

图 8-33 中心孔、键槽、圆角、倒角的表面粗糙度代号的简化注法

 想 一 想

1.零件表面具有的这种较小间距的峰谷所组成的微观几何形状特征,称为_____。

2.表面粗糙度与_____、_____、零件材料等因素都有密切的关系。

3.符号的尖端必须从_____指向被注表面,代号中数字的方向必须与_____方向一致。

任务实施

1.准备工具:_____。

2. 在图 8-34、图 8-35 标注表面粗糙度(数值自定)。

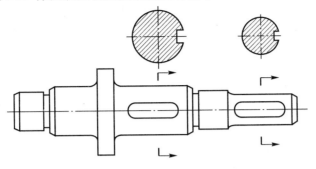

图 8-34 标注表面粗糙度(一)

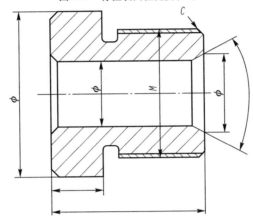

图 8-35 标注表面粗糙度(二)

 评价反馈

1. 同桌之间互相提问表面粗糙度的定义、符号和标注方法。

2. 学习目标达成度的自我检查如表 8-7 所示。

自 我 检 查 表   表 8-7

序号	学习目标	达成情况(在相应选项后打"√")		
		能	不能	如不能,是什么原因
1	叙述表面粗糙度的定义、符号			
2	掌握表面粗糙度的标注方法			
3	熟练地标注表面粗糙度			

3. 日常表现性评价(由小组长或组员间互评)。

(1)工作页填写情况( )。

　　A. 填写完整　　B. 缺填 0~20%　　　C. 缺填 20%~40%　　　D. 缺填 40% 以上

(2)工作着装是否规范( )。

　　A. 穿着校服,佩戴胸卡　　　　　　　B. 校服或胸卡缺一项

　　C. 偶尔穿着校服,佩戴胸卡　　　　　D. 一直不穿着校服,不佩戴胸卡

（3）是否达到全勤(　　　)。

    A. 全勤   B. 缺勤 0～20%(请假)

    C. 缺勤 0～20%(旷课)   D. 缺勤 20% 以上

（4）总体印象评价(　　　)。

    A. 非常优秀   B. 比较优秀   C. 有待改进   D. 急需改进

小组长签名：

                                        年　　月　　日

4. 教师总体评价。

（1）该同学所在小组整体印象评价(　　　)。

    A. 组长负责，组内学习气氛好

    B. 组长能组织组员按要求完成学习任务，个别组员不能达成学习目标

    C. 组内有 30% 以上的组员不能达成学习目标

    D. 组内大部分组员不能达成学习目标

（2）对该同学整体印象评价：

教师签名：

                                        年　　月　　日

★任务5 标注零件图上的尺寸公差

学习目标

完成本学习任务后,你应当能:
1. 叙述尺寸公差的术语、配合的种类;
2. 掌握各术语的计算方法;
3. 掌握各类配合的判定方法;
4. 熟练地标注零件图上的配合尺寸。

工作任务

企业接到如图 8-36 所示零件的订单,需要画出它们的零件图并标注尺寸公差。

图 8-36 轴和轴套

相关理论

1. 互换性。

(1)定义:从一批规格大小相同的零件中任取一件,不经任何挑选或修配就能顺利地装配到机器上,并能满足机器的工作性能要求,零件的这种性质称为互换性。

(2)作用:零件具有了互换性,不仅给机器的装配和维修带来方便,而且也为大批量和专门生产创造了条件,从而缩短生产周期,提高劳动效率和经济效益。

2. 尺寸公差。

(1)定义:零件在制造过程中,由于加工或测量等因素的影响,完工后的实际尺寸总存在一定的误差。为保证零件的互换性,允许零件的实际尺寸在一个合理的范围内变动,这个尺寸的变动范围称为尺寸公差,简称公差。

(2)各术语如图 8-37 所示。

①基本尺寸:设计给定的尺寸 $\Phi30$。

②实际尺寸:通过测量所得的尺寸。

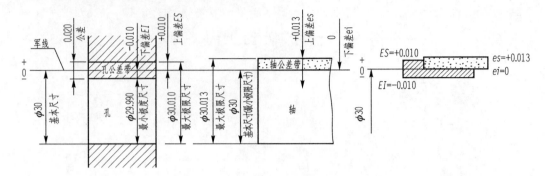

图 8-37　术语示例

③极限尺寸:允许尺寸变动的两个极限值。

孔:最大极限尺寸 30 + 0.010 = 30.010,最小极限尺寸 30 + (− 0.010) = 29.990。

轴:最大极限尺寸 30 + (+ 0.013) = 30.013,最小极限尺寸 30 + 0 = 30。

④极限偏差:极限尺寸减去基本尺寸所得的代数差,分别为上偏差和下偏差。孔的上、下偏差分别用 ES 和 EI 表示;轴的上、下偏差分别用 es 和 ei 表示。

孔:上偏差 ES = 30.010 − 30 = + 0.010,下偏差 EI = 29.990 − 30 = − 0.010。

轴:上偏差 es = 30.013 − 30 = + 0.013,下偏差 ei = 30-30 = 0。

⑤尺寸公差(简称公差):允许尺寸的变动量,即最大极限尺寸减去最小极限尺寸,或上偏差减去下偏差。尺寸公差恒为正值。

孔的公差 = 30.010 − 29.990 = 0.02 或 + 0.010 − (− 0.010) = 0.020。

轴的公差 = 30.013 − 30 = 0.013 或 + 0.013 − 0 = 0.013。

⑥零线、公差带、公差带图:零线是表示基本尺寸的一条直线。零线上方为正值,下方为负值;公差带是由代表上、下偏差的两条直线所限定的一个区域;为简化起见,用公差带图表示公差带。

公差带图是以放大形式画出的方框,方框的上、下两边直线分别表示上偏差和下偏差,方框的左右长度可根据需要任意确定。方框内画出斜线表示孔的公差带,方框内画出点表示轴的公差带。

⑦标准公差:是确定公差带大小的公差值,用字母 IT 表示。标准公差分为 20 个等级,依次是:IT01、IT0、IT1 ,…,IT18。IT 表示公差,数字表示公差等级。IT01 公差值最小,精度最高;IT18 公差值最大,精度最低。

⑧基本偏差:基本偏差是确定公差带相对于零线位置的上偏差和下偏差,通常指靠近线的那个偏差。国家标准对孔和轴分别规定了 28 种基本偏差,孔的基本偏差用大写的拉丁字母表示,轴的基本偏差用小写的拉丁字母表示。当公差带在零线上方时,基本偏差为下偏差;反之则为上偏差。

基本偏差和标准公差的计算式如下:

$$ES = EI – IT \ 或 \ EI = ES – IT$$

$$ei = es – IT \ 或 \ es = ei – IT$$

⑨公差带代号:孔和轴的公差带代号由表示基本偏差代号和表示公差等级的数字组成。如 $\Phi50H8$ 中 H8 为孔的公差带代号,由孔的基本偏差代号 H 和公差等级代号 8 组成;$\Phi50f7$

中 f7 为轴的公差带代号,由轴的基本偏差代号 f 和公差等级代号 7 组成。

3. 配合。

(1)定义:在机器装配中,基本尺寸相同的、相互配合在一起的孔和轴公差带之间的关系称为配合。由于孔和轴的实际尺寸不同,装配后可能产生"间隙"和"过盈",如图 8-38 所示。在孔与轴的配合中,孔的尺寸减去轴的尺寸所得的代数差为正值时为间隙,为负值时为过盈。

(2)种类:配合按其出现的间隙和过盈不同,分为三类。

①间隙配合:孔的公差带在轴的公差带之上,任取一对孔和轴相配合都产生间隙(包括最小间隙为零)的配合,称为间隙配合,如图 8-38a)所示。

②过盈配合:孔的公差带在轴的公差带之下,任取一对孔和轴相配合都产生过盈(包括最小过盈为零)的配合,称为过盈配合,如图 8-38b)所示。

③过渡配合:孔的公差带与轴的公差带相互重叠,任取一对孔和轴相配合,可能产生间隙,也可能产生过盈的配合,称为过渡配合,如图 8-38c)所示。

(3)配合制度:国家标准规定了基孔制和基轴制两种配合制度。

①基孔制:基本偏差为一定的孔的公差带与不同基本偏差的轴的公差带形成的各种配合的一种制度,如图 8-39 所示。基孔制配合的孔称为基准孔,其基本偏差代号为"H",下偏差为零,即它最小极限尺寸等于基本尺寸。

②基轴制:基本偏差为一定的轴的公差带与不同基本偏差的孔的公差带形成的各种配合的一种制度,如图 8-40 所示。基轴制配合的轴称为基准轴,其基本偏差代号为"h",上偏差为零,即它的最大极限尺寸等于基本尺寸。

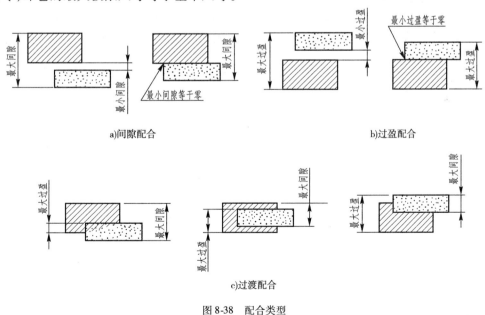

a)间隙配合　　　　　　　　　　　　　b)过盈配合

c)过渡配合

图 8-38　配合类型

4. 极限与配合的选用。

极限与配合的选用包括基准制、配合类别和公差等级三种内容。

(1)优先选用基孔制:可以减少定值刀具、量具的规格数量。只有在具有明显经济效益和不适宜采用基孔制的场合,才采用基轴制。

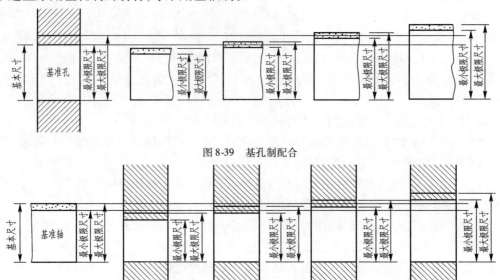

图 8-39 基孔制配合

图 8-40 基轴制配合

在零件与标准件配合时,应按标准件所用的基准制来确定。如滚动轴承内圈与轴的配合采用基孔制;滚动轴承外圈与轴承座的配合采用基轴制。

(2)配合的选用:国家标准中规定了优先选用、常用和一般用途的孔、公差带,应根据配合特性和使用功能,尽量选用优先和常用配合。当零件之间具有相对转动或移动时,必须选择间隙配合;当零件之间无键、销等紧固件,只依靠接合面之间的过盈实现传动时,必须选择过盈配合;当零件之间不要求有相对运动,同轴度要求较高,且不是依靠该配合传递动力时,通常选用过渡配合。

(3)公差等级的选用:在保证零件使用要求的前提下,应尽量选用比较低的公差等级,以减少零件的制造成本。由于加工孔比加工轴困难,当公差等级高于 IT8 时,在基本尺寸至500mm 的配合中,应选择孔的标准公差等级比轴低一级(如孔为 8 级,轴为 7 级)来加工孔。因为公差等级越高,加工越困难。标准公差等级低时,轴和孔可选择相同的公差等级。

5. 极限与配合的标注与查表。

(1)在零件图中的标注:在零件图中的标注公差带代号有三种形式,如图 8-41 所示。

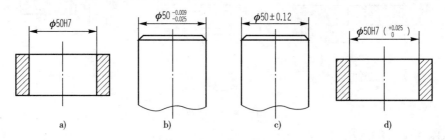

图 8-41 零件图中的公差标注

①标注公差带代号,如图 8-41a)所示。这种注法适用于大量生产的零件,采用专用量具

检验零件。

②标注极限偏差数值,如图 8-41b)所示。这种注法适用于单件、小批量生产的零件。

上偏差注在基本尺寸的右上方,下偏差注在基本尺寸的右下方。极限偏差数字比基本尺寸数字小一号,小数点前的整数对齐,后面的小数位数应相同。若上、下偏差的数值相同,符号相反时,按图 8-41c)所示的方法标注。

③公差带代号与极限偏差一起标注,如图 8-41d)所示。这种注法适用于产品转产频繁的生产中。

(2)在装配图中的标注:在装配图中标注配合代号,配合代号用分数形式表示,分子为轴的公差带代号,分母为孔的公差带代号。装配图中标注配合代号有三种形式,如图 8-42 所示。

①标注孔和轴的配合代号,如图 8-42a)所示。这种注法应用最多。

②当需要标注孔和轴的极限偏差时,孔的基本尺寸和极限偏差注在尺寸线上方,轴的基本尺寸和极限偏差注在尺寸线下方,如图 8-42b)、c)所示。

③零件与标准件或外购件配合时,在装配图中可以只标注该零件的公差带代号,如图 8-42d)所示。

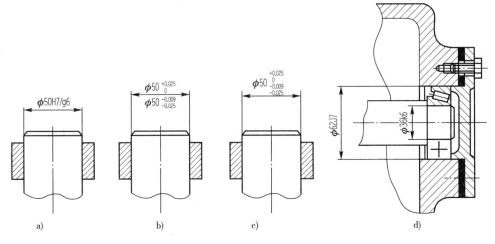

图 8-42 装配图中配合的标注

(3)查表方法示例。

例:查表确定配合代号 $\Phi60H8/f7$ 中孔和轴的极限偏差值。

根据配合代号可知,孔和轴采用基孔制的优先配合,其中 H8 孔为基准孔的公差带代号;f7 为配合轴的公差带代号。

①$\Phi60H8$ 基准孔的极限偏差,可由孔的极限偏差表查出。在基本尺寸 >50~80 的行与 H8 的列的交汇处找到 46、0,即孔的上偏差为 +0.046mm,下偏差为 0。所以,$\Phi60H8$ 可写为 $\Phi60^{+0.046}_{0}$。

②$\Phi60f7$ 配合轴的极限偏差,可由轴的极限偏差表查出。在基本尺寸 >50~65 的行与 f7 的列的交汇处找到 -0.030、-0.060,即轴的上偏差为 -0.030mm,下偏差为 -0.060。所以,$\Phi60f7$ 可写为 $\Phi60^{-0.030}_{-0.060}$。

想一想

1. 尺寸公差的术语有哪些?

2. 配合分为_____、_____和_____三类。

3. 配合制度有_____和_____两类。

4. 零线是表示_____的一条直线。零线上方为_____值,下方为_____值。

任务实施

1. 准备工具:_____。

2. 参照图 8-36 轴测图在空白处画出零件的视图并标注上尺寸和尺寸公差(尺寸自定)。

评价反馈

1. 学习自测题:查表确定配合代号 $\Phi50H8/f7$ 中孔和轴的极限偏差值。

2. 学习目标达成度的自我检查如表 8-8 所示。

自 我 检 查 表   表 8-8

序号	学习目标	达成情况(在相应选项后打"√")		
		能	不能	如不能,是什么原因
1	叙述尺寸公差的术语、配合的种类			
2	掌握各术语的计算方法			
3	掌握各类配合的判定方法			
4	熟练地标注零件图上的配合尺寸			

3. 日常表现性评价(由小组长或组员间互评)。

(1)工作页填写情况(   )。

    A. 填写完整   B. 缺填 0~20%   C. 缺填 20%~40%   D. 缺填 40% 以上

(2)工作着装是否规范(   )。

    A. 穿着校服,佩戴胸卡   B. 校服或胸卡缺一项

    C. 偶尔穿着校服,佩戴胸卡   D. 一直不穿着校服,不佩戴胸卡

(3)是否达到全勤(   )。

    A. 全勤   B. 缺勤 0~20%(请假)

    C. 缺勤 0~20%(旷课)   D. 缺勤 20% 以上

(4)总体印象评价(   )。

    A. 非常优秀   B. 比较优秀   C. 有待改进   D. 急需改进

小组长签名:

                                   年   月   日

4. 教师总体评价。

(1)该同学所在小组整体印象评价(   )。

    A. 组长负责,组内学习气氛好

    B. 组长能组织组员按要求完成学习任务,个别组员不能达成学习目标

    C. 组内有 30% 以上的组员不能达成学习目标

    D. 组内大部分组员不能达成学习目标

(2)对该同学整体印象评价:

教师签名:

                                   年   月   日

★任务6 识读零件图上的形位公差

完成本学习任务后,你应当能:

1.叙述形位公差的意义;

2.熟练写出各形位公差的符号;

3.熟练地标注零件图上的形位公差。

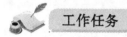

企业接到了零件的订单,如图8-43所示,需要你理解零件图形位公差含义。

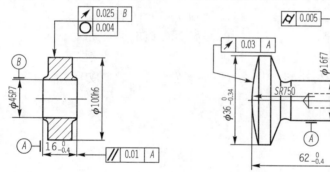

图8-43 形位公差示例

1.形状和位置公差的概念。

加工后的零件不仅存在尺寸误差,而且几何形状和相对位置也存在误差。为了满足零件的使用要求和保证互换性,零件的几何形状和相对位置由形状公差和位置公差来保证。

(1)形状误差和公差:形状误差是指单一实际要素的形状对其理想要素形状的变动量。单一实际要素的形状所允许的变动全量称为形位公差。

(2)位置误差和公差:位置误差是指关联实际要素的位置对其理想要素位置的变动量。理想位置由基准确定。关联实际要素的位置对其基准所允许的变动全量称为位置公差。

形状公差和位置公差简称形位公差。

(3)形位公差项目及符号:如表8-9所示,国家标准规定了14个形位公差项目。

形位公差项目符号　　　　　　　　　　　　　　表8-9

分　类	项　目	符　号	分　类	项　目	符　号
形状公差	直线度	—	位置公差	平行度	//
	平面度	▱	定向	垂直度	⊥
	圆度	○		倾斜度	∠
	圆柱度	⌭	定位	同轴度	◎
	线轮廓度	⌒		对称度	＝
				位置度	⊕
	面轮廓度	⌓	跳动	圆跳动	↗
				全跳动	⌰

（4）公差带及其形状：公差带是由公差值确定的限制实际要素（形状和位置）变动的区域。

公差带的形状有：两平行直线、两平行平面、两等距曲面、圆、两同心圆、球、圆柱、四棱柱及两同轴圆柱。

2．形状和位置公差的注法。

（1）形位公差框格及其内容。

国家标准 GB/T 1182—2008《产品几何技术规范（GPS）几何公差形状、方向、位置和跳动公差标注》中规定，形位公差在图样中应采用代号标注。代号由公差项目符号、框格、指引线、公差数值和其他有关符号组成。

形位公差框格用细实线绘制，可画两格或多格，可水平或垂直置放，框格的高度是图样中尺寸数字高度的二倍，框格的长度根据需要而定。框格中的数字、字母和符号与图样中的数字同高，框格内从左到右（或从上到下）填写的内容为：第一格为形位公差项目符号，第二格为形位公差数值及其有关符号，后边的各格为基准代号的字母及有关符号，如图8-44所示。

图8-44　形位公差标注符号

（2）被测要素的注法。

用带箭头的指引线将被测要素与公差框格的一端相连。指引线箭头应指向公差带的宽度方向或直径方向。指引线用细实线绘制，可以不转折或转折一次（通常为垂直转折）。指引线箭头按下列方法与被测要素相连：

①当被测要素为线或表面时，指引线箭头应指在该要素的轮廓线或其延长线上，并应明显地与该要素的尺寸线错开，如图8-45a）所示。

②当被测要素为轴线、球心或中心平面时，指引线箭头应与该要素的尺寸线对齐，如图8-45b）所示。

③当被测要素为整体轴线或公共对称平面时，指引线箭头可直接指在轴线或对称线上，如图8-45c）所示。

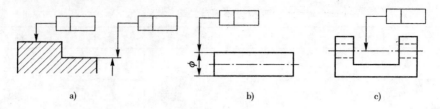

图 8-45　被测要素注法

（3）基准要素的注法。

标注位置公差的基准,要用基准代号。基准代号是细实线小圆内有大写的字母用细实线与粗短划横线(宽度为粗实线的 2 倍,长度为 5 ~ 10mm)相连。小圆直径与框格高度相同,圆内表示基准的字母高度为字体的高度。无论基准代号在图样上的方向如何,圆圈内的字母均应水平填写,如图 8-46a)所示。表示基准的字母也应注在公差框格内,如图 8-46b)所示。

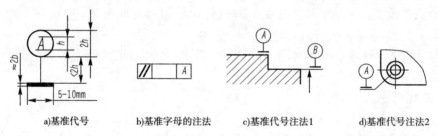

a)基准代号　　　b)基准字母的注法　　c)基准代号注法1　　d)基准代号注法2

图 8-46　基准要素的注法(一)

①当基准要素为素线或表面时,基准代号应靠近该要素的轮廓线或其引出线标注,并应明显地与尺寸线错开,如图 8-46c)所示。基准代号还可置于用圆点指向实际表面的参考线上,如图 8-46d)所示。

②当基准是轴线或中心平面或由带尺寸的要素确定的点时,基准符号、箭头应与相应要素尺寸线对齐,如图 8-47a)所示。

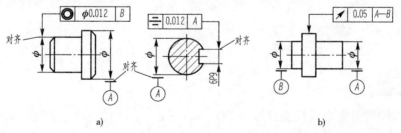

图 8-47　基准要素的注法(二)

③图 8-48a)所示为单一要素为基准时的标注;图 8-48b)所示为两个要素组成的公共基准时的标注;图 8-48c)所示为两个或三个要素组成的基准时的标注;图 8-47b)所示为公共轴线为基准的标注实例。表示基准要素的字母要用大写的拉丁字母,为不致引起误解,字母 E、I、J、M、O、P、R、F 不采用。

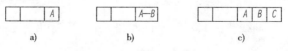

图 8-48　基准要素在框格中的标注

④同一要素有多项形位公差要求时,可采用框格并列标注,如图8-49a)所示。多处要素有相同的形位公差要求时,可在框格指引线上绘制多个箭头,如图8-49b)所示。

⑤任选基准时的标注方法如图8-50所示。

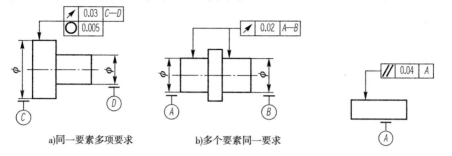

a)同一要素多项要求　　　　b)多个要素同一要求

图8-49　一项多处、一处多项的标注　　　　图8-50　任选基准的标注方法一

⑥当被测范围仅为被测要素的一部分时,应按图8-51所示标注。

⑦当给定的公差带为圆、圆柱或圆球时,应在公差数值前加注 Φ 或 $S\Phi$,如图8-52所示。

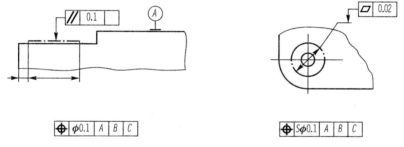

图8-51　任选基准的标注方法二　　　　图8-52　任选基准的标注方法三

3.形位公差在图样上的标注示例。

(1)图8-53中所注形位公差的含义如下:

①以 $\Phi45P7$ 圆孔的轴线为基准, $\Phi100h6$ 外圆对 $\Phi45P7$ 孔的轴线的圆跳动公差为0.025mm。

② $\Phi100h6$ 外圆的圆度公差为0.004mm。

③以零件的左端面为基准,右端面对左端面的平行度公差为0.01mm。

(2)图8-54中所注形位公差的含义如下:

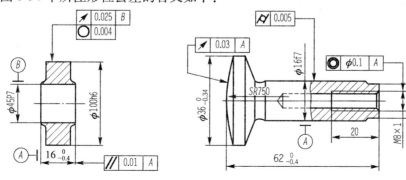

图8-53　形位公差标注示例(一)　　　　图8-54　形位公差标注示例(二)

①以 $\Phi16f7$ 圆柱的轴线为基准,M8×1 轴线对 $\Phi16f7$ 轴线的同轴度公差为 $\Phi0.1$mm。

②以 $\Phi16f7$ 圆柱体的圆柱度公差为 0.005mm。

③以 $\Phi16f7$ 圆柱的轴线为基准,SR750 球面对 $\Phi16f7$ 轴线的径向圆跳动公差为 0.03mm。

想 一 想

1. 形状公差有 _____、_____、_____、_____、
_____ 和 _____ 6 个。

2. 位置公差有 _____、_____、_____、_____、
_____、_____、_____ 和 _____ 8 个。

任务实施

1. 准备工具: _____。

2. 参照图 8-43 画出零件的图形并标注上尺寸和形位公差(尺寸自定)。

评价反馈

1. 学习自测题:每位同学写出 14 个形位公差的符号。

2. 学习目标达成度的自我检查如表 8-10 所示。

自 我 检 查 表   表 8-10

序号	学习目标	达成情况(在相应选项后打"√")		
		能	不能	如不能,是什么原因
1	叙述形位公差的意义			
2	熟练写出各形位公差的符号			
3	熟练地标注零件图上的形位公差			

3. 日常表现性评价(由小组长或组员间互评)。

(1)工作页填写情况( )。

A. 填写完整　　B. 缺填 0～20%　　C. 缺填 20%～40%　　　D. 缺填 40% 以上

(2)工作着装是否规范(　　)。

　　A. 穿着校服,佩戴胸卡　　　　　　B. 校服或胸卡缺一项

　　C. 偶尔穿着校服,佩戴胸卡　　　　D. 一直不穿着校服,不佩戴胸卡

(3)是否达到全勤(　　)。

　　A. 全勤　　　　　　　　　　　　B. 缺勤 0～20%(请假)

　　C. 缺勤 0～20%(旷课)　　　　　D. 缺勤 20% 以上

(4)总体印象评价(　　)。

　　A. 非常优秀　　B. 比较优秀　　　C. 有待改进　　　　D. 急需改进

小组长签名:

年　　月　　日

4. 教师总体评价。

(1)该同学所在小组整体印象评价(　　)。

　　A. 组长负责,组内学习气氛好

　　B. 组长能组织组员按要求完成学习任务,个别组员不能达成学习目标

　　C. 组内有 30% 以上的组员不能达成学习目标

　　D. 组内大部分组员不能达成学习目标

(2)对该同学整体印象评价:

教师签名:

年　　月　　日

★任务7　识读轴类零件图

完成本学习任务后,你应当能:

1. 叙述读图的目的、方法和步骤;
2. 熟练地识读阀杆的零件图。

企业接到了阀杆的订单,如图 8-55 所示,需要你读懂它的零件图。

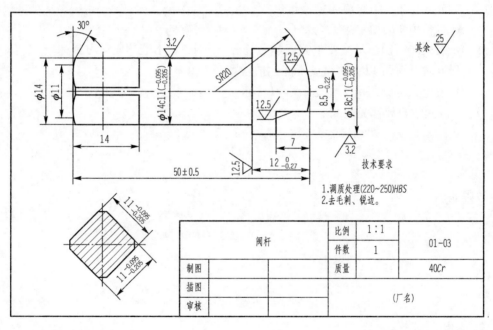

图 8-55　阀杆零件图

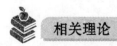

1. 读零件图的要求。

(1)正确、熟练地读懂零件图是工程技术人员必须具备的素质之一。

(2)读零件图的要求:就是要根据已有的零件图,了解零件的名称、用途、材料、比例等,并通过分析图形、尺寸、技术要求,想象出零件各部分的结构、形状、大小和相对位置,了解设计意图和加工方法。

2.读零件图的方法与步骤。

(1)概括了解。

从标题栏了解零件的名称、材料、比例等内容。根据名称判断零件属于哪一类零件,根据材料可大致了解零件的加工方法,根据绘图比例可估计零件的大小。必要时,可对照机器、部件实物或装配图了解该零件的装配关系等,从而对零件有初步的了解。

(2)分析视图间的联系和零件的结构形状。

分析各零件各视图的配置情况以及各零件相互之间的投影关系,运用形体分析法和线面分析法读懂零件各部分结构,想象出零件的形状。看懂零件的结构和形状是读零件图的重点,前面已讲过的组合体的读图方法和剖视图的读图方法同样适用于读零件图。

读图的一般顺序是:先整体,后局部;先主体结构,后局部结构;先读懂简单部分,再分析复杂部分。读图时,应注意是否有规定画法和简化画法。

(3)分析尺寸和技术要求。

分析尺寸时,首先要弄清长、宽、高三个方向的尺寸基准,从基准出发查找各部分的定形尺寸、定位尺寸。必要时,联系机器或部件与该零件有关的零件一起进行分析,深入理解尺寸之间的关系并分析尺寸的加工精度要求,以及尺寸公差、形位公差和表面粗糙度等技术要求。

(4)综合归纳。

零件图表达了零件的结构形式、尺寸及精度要求等内容以及它们之间的相互关联。初学者在读图时,要做到正确地分析表达方案,运用形体分析法分析零件的结构、形状和尺寸,全面了解技术要求,正确理解设计意图,从而达到读懂零件图的目的。

3.读阀杆零件图,如图8-55所示。

(1)概括了解。

从标题栏可知,阀杆按1:1绘制,与实物大小一致。材料为40Cr(合金结构钢)。从图中可以看出,阀杆由回转体经切削加工而成,为轴套类零件。阀杆上部是由圆柱经切割形成的四棱柱,与扳手上的四方孔配合;阀杆下部的凸榫与阀芯上部的凹槽配合。阀杆的作用是通过扳手使阀芯转动,以开启或关闭球阀和控制流量。

(2)分析视图间的联系和零件的结构形状。

阀杆零件图采用了一个基本视图和一个断面图表达,主视图按加工位置将阀杆水平置放,左端的四棱柱采用移出断面图表达。

(3)分析尺寸和技术要求。

阀杆以水平轴线作为径向尺寸基准,同时也是高度和宽度方向的尺寸基准。由此注出径向各部分尺寸 $\Phi14$、$\Phi11$、$\Phi14c11({}_{-0.205}^{-0.095})$、$\Phi18c11({}_{-0.205}^{-0.095})$。凡是尺寸数字后面注写公差代号或偏差值,说明零件该部分与其他零件有配合关系。如 $\Phi14c11({}_{-0.205}^{-0.095})$ 和 $\Phi18c11({}_{-0.205}^{-0.095})$ 分别与球阀中的填料压紧套和阀体有配合关系,其表面粗糙度要求较严,Ra 值为 $3.2\mu m$。

选择表面粗糙度为 Ra12.5 的端面作为阀杆的轴向尺寸基准,也是长度方向的尺寸基准,由此注出尺寸 $12_{-0.27}^{0}$,以右端面作为轴向的第一辅助基准,注出尺寸 7、50±0.5,以左端面作为轴向的第二辅助基准,标注尺寸 14。

阀杆经过调质量处理(220~250)HBS,以提高材料的韧度和强度。调质、HBS(布氏硬度),以及后面的阀盖、阀体例图中出现的时效处理等,均属热处理和表面处理的专用名词。

想 一 想

1. 读图的一般顺序是:先整体,_____;先主体结构,后_____;先读懂简单部分,再分析_____。

2. 分析尺寸时,首先要弄清长、宽、高三个方向的_____,从基准出发查找各部分的_____尺寸、_____尺寸。

任务实施

1. 识读图 8-55,小组讨论识图步骤。

2. 参照阀杆零件图回答问题。

(1)从标题栏可知,阀杆按_____绘制,与实物大小一致,材料为_____。从图中可以看出,阀杆由_____经切削加工而成,为轴套类零件。阀杆上部是由圆柱经切割形成的_____,与扳手上的四方孔配合;阀杆下部的_____与阀芯上部的凹槽配合。

(2)阀杆的作用是_____。

(3)阀杆零件图采用了一个_____和一个_____表达,主视图按_____将阀杆水平置放,左端的四棱柱采用_____表达。

(4)阀杆以_____作为径向尺寸基准,同时也是高度和宽度方向的尺寸基准。由此注出径向各部分尺寸 $\Phi14$、$\Phi11$、$\Phi14c11\left(^{-0.095}_{-0.205}\right)$、$\Phi18c11\left(^{-0.095}_{-0.205}\right)$。凡是尺寸数字后面注写公差代号或偏差值,说明零件该部分与其他零件有_____。如 $\Phi14c11\left(^{-0.095}_{-0.205}\right)$ 和 $\Phi18c11\left(^{-0.095}_{-0.205}\right)$ 分别与球阀中的_____和_____有配合关系,其表面粗糙度要求较严,Ra 值为 $3.2\mu m$。选择表面粗糙度为_____的端面作为阀杆的轴向尺寸基准,也是长度方向的尺寸基准,由此注出尺寸 $12^{0}_{-0.27}$,以_____作为轴向的第一辅助基准,注出尺寸 7、50 ± 0.5,以_____作为轴向的第二辅助基准,标注尺寸 14。阀杆经过调质量处理(220~250)HBS,以提高材料的_____。

评价反馈

1. 同桌之间互相提问读图的目的、方法和步骤。

2. 学习目标达成度的自我检查如表 8-11 所示。

自 我 检 查 表   表 8-11

序号	学习目标	达成情况(在相应选项后打"√")		
		能	不能	如不能,是什么原因
1	叙述读图的目的、方法和步骤			
2	熟练地识读阀杆的零件图			

3. 日常表现性评价(由小组长或组员间互评)。

（1）工作页填写情况（　　）。

    A.填写完整　　　B.缺填 0～20%　　　　C.缺填 20%～40%　　　　D.缺填 40%以上

（2）工作着装是否规范（　　）。

    A.穿着校服,佩戴胸卡　　　　　　　B.校服或胸卡缺一项

    C.偶尔穿着校服,佩戴胸卡　　　　　D.一直不穿着校服,不佩戴胸卡

（3）是否达到全勤（　　）。

    A.全勤　　　　　　　　　　　　　B.缺勤 0～20%（请假）

    C.缺勤 0～20%（旷课）　　　　　　D.缺勤 20%以上

（4）总体印象评价（　　）。

    A.非常优秀　　　B.比较优秀　　　　C.有待改进　　　　　D.急需改进

小组长签名：

                年　　月　　日

4.教师总体评价。

（1）该同学所在小组整体印象评价（　　）。

    A.组长负责,组内学习气氛好

    B.组长能组织组员按要求完成学习任务,个别组员不能达成学习目标

    C.组内有 30%以上的组员不能达成学习目标

    D.组内大部分组员不能达成学习目标

（2）对该同学整体印象评价：

教师签名：

                年　　月　　日

★任务8　识读套类零件图

完成本学习任务后,你应当能:
1.叙述读图的方法和步骤;
2.熟练地识读阀盖的零件图。

工作任务

企业接到了阀盖的订单,需要你读懂它的零件图(图8-56)。

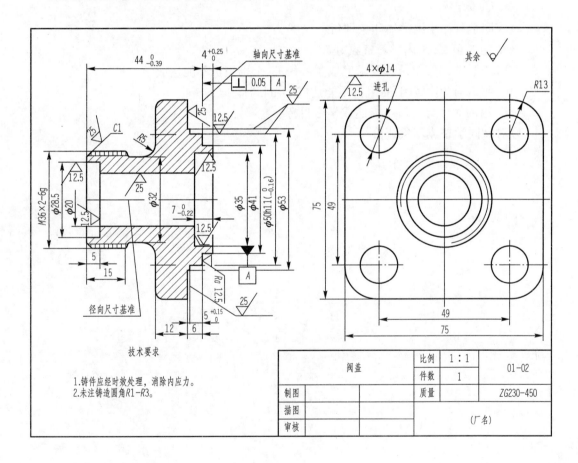

技术要求

1.铸件应经时效处理,消除内应力。
2.未注铸造圆角R1-R3。

	阀盖	比例	1:1	01-02
		件数	1	
制图		质量		ZG230-450
描图			(厂名)	
审核				

图8-56　阀盖零件图

相关理论

1. 概括了解。

(1)从标题栏可知,阀盖按 1:1 绘制,与实物大小一致。

(2)材料为铸钢。

(3)阀盖的方形凸缘不是回转体,但其他部分都是回转体,为轮盘类零件。

(4)阀盖的制造过程是先铸造成毛坯,经时效处理后进行切削加工而成。

2. 分析视图间的联系和零件的结构形状。

阀盖零件图采用了两个基本视图,主视图按加工位置将阀盖水平置放,符合加工位置和在装配图中的工作位置。主视图采用全剖视,表达了阀盖左右两端的阶梯孔和中间通孔的形状及其相对位置,同时表达了右端的圆形凸缘和左端的外螺纹。左视图用外形视图清晰地表达了带圆角的方形凸缘、四个通孔的形状和位置及其他的可见轮廓形状外形。

3. 分析尺寸和技术要求。

阀盖以轴线作为径向尺寸基准,由此分别标注出阀盖各部分同轴线的直径尺寸 $\Phi28.5$、$\Phi20$、$\Phi35$、$\Phi41$、$\Phi50h11({}_{-0.16}^{0})$、$\Phi53$,以该轴线为基准还可标注出左端外螺纹的尺寸 $M36 \times 2—6g$。以该零件的上下、前后对称平面为基准分别注出方形凸缘高度方向和宽度方向的尺寸 75,以及四个通孔的定位尺寸 49。

以阀盖的重要端面作为轴向尺寸基准,即长度方向的尺寸基准。主视图右端凸缘端面注有 R_a 值为 $12.5\mu m$ 的表面粗糙度,由此注出 $4_0^{+0.18}$、$44_{-0.39}^{0}$、$5_0^{+0.18}$、6 等尺寸。阀盖是铸件,需进行时效处理,以消除内应力。铸造圆角 $R1 \sim R3$ 表示不加工的过渡圆角。注有公差代号和偏差值的 $\Phi50h11({}_{-0.16}^{0})$,说明该零件与阀体左端的孔 $\Phi50H11({}_{0}^{+0.16})$ 配合,如图 8-56 所示。由于该两表面之间没有相对运动,所以表面粗糙度要求不严,R_a 值为 $12.5\mu m$。长度方向的主要基准面与轴线的垂直度位置公差为 $0.05mm$。

 想 一 想

1. 阀盖的方形凸缘不是回转体,但其他部分都是回转体,为_____零件。

2. 阀盖零件图采用了_____基本视图,主视图按_____将阀盖水平置放,符合加工位置和在装配图中的工作位置。主视图采用_____,表达了阀盖左右两端的阶梯孔和中间通孔的形状及其相对位置,同时表达了右端的圆形凸缘和左端的外螺纹。左视图用_____清晰地表达了带圆角的方形凸缘、四个通孔的形状和位置及其他的可见轮廓形状外形。

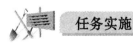 **任务实施**

1. 识读图 8-56,小组讨论识图步骤(把步骤写在下面)。

2. 参照阀盖零件图(图 8-56)写出阀盖的相关信息。

 **评价反馈**

1. 同桌之间互相提问阀盖零件的有关知识。
2. 学习目标达成度的自我检查如表 8-12 所示。

自 我 检 查 表   表 8-12

序号	学 习 目 标	达成情况(在相应选项后打"√")		
		能	不能	如不能,是什么原因
1	叙述读图的方法和步骤			
2	熟练地识读阀盖的零件图			

3. 日常表现性评价(由小组长或组员间互评)。

(1) 工作页填写情况(　　　)。

     A. 填写完整　　 B. 缺填 0 ~ 20%　　 C. 缺填 20% ~ 40%　　 D. 缺填 40% 以上

(2) 工作着装是否规范(　　　)。

     A. 穿着校服,佩戴胸卡   B. 校服或胸卡缺一项

     C. 偶尔穿着校服,佩戴胸卡   D. 一直不穿着校服,不佩戴胸卡

(3) 是否达到全勤(　　　)。

     A. 全勤   B. 缺勤 0 ~ 20% (请假)

     C. 缺勤 0 ~ 20% (旷课)   D. 缺勤 20% 以上

(4) 总体印象评价(　　　)。

     A. 非常优秀　　 B. 比较优秀　　 C. 有待改进　　 D. 急需改进

小组长签名:

                                   年   月   日

4.教师总体评价。

(1)该同学所在小组整体印象评价(　　)。

    A.组长负责,组内学习气氛好

    B.组长能组织组员按要求完成学习任务,个别组员不能达成学习目标

    C.组内有30%以上的组员不能达成学习目标

    D.组内大部分组员不能达成学习目标

(2)对该同学整体印象评价:

教师签名:

           年　　　月　　　日

任务9 识读箱体零件图

完成本学习任务后,你应当能:
1. 叙述读图的方法和步骤;
2. 熟练地识读箱体的零件图。

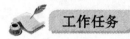

企业接到了一个箱体的订单,需要你读懂它的零件图(图8-57)。

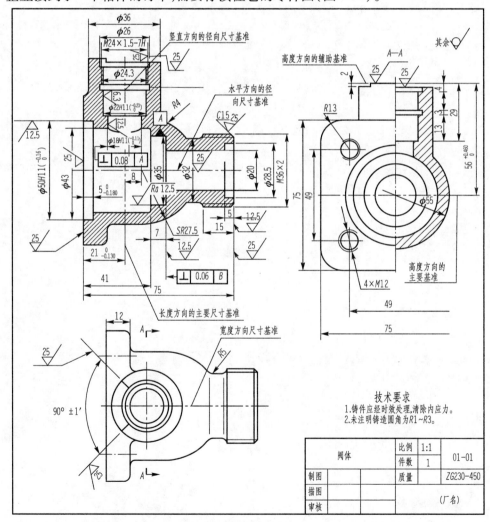

图 8-57　阀体零件图

相关理论

1. 概括了解。

从标题栏可知,阀体按 1∶1 绘制,与实物大小一致,材料为铸钢。因阀体的毛坯为铸件,内、外表面都有一部分需要进行切削加工,因而加工前需要进行时效处理。阀体是球阀中的一个主要零件,其内部空腔是互相垂直的组合回转面,根据球阀的轴测装配图和球阀装配图可知,在阀体内部将容纳密封圈、阀芯、调整垫、螺杆、螺母、填料垫、中填料、上填料、填料压紧套、阀杆等零件,属于箱体类零件。

2. 分析视图间的联系和零件的结构形状。

阀体左端通过螺柱和螺母与阀盖连接,形成球阀容纳阀芯的 $\Phi43$ 空腔。左端 $\Phi50H11$ $\binom{+0.16}{0}$ 圆柱形凹槽与阀盖上 $\Phi50h11\binom{0}{-0.16}$ 的圆柱形凸缘相配合。阀体空腔右侧 $\Phi35$ 圆柱形槽用来放置密封圈,以保证在球阀关闭时不泄露流体。

阀体右端作有用于连接管道系统的外螺纹 $M36\times2-6g$;内部有阶梯孔 $\Phi28.5$、$\Phi20$ 与空腔相通。阀体上部 $\Phi36$ 的圆柱体中,有 $\Phi26$、$\Phi22H11\binom{+0.13}{0}$ 和 $\Phi18H11\binom{+0.11}{0}$ 的阶梯孔,与空腔相通。在阶梯孔内容纳阀杆、填料压紧套、填料等。阶梯孔的顶端有一个 90° 扇形限位(将三个视图对照起来可看清楚),用来控制扳手和阀杆的旋转角度。在 $\Phi22H11\binom{+0.13}{0}$ 的上端做出具有退刀槽的内螺纹 $M24\times1.5$—7H,与填料压紧套的外螺纹旋合,将填料压紧。$\Phi18H11\binom{0.11}{0}$ 的孔与阀杆下部的凸缘相配合,使阀杆的凸缘在 $\Phi18H11\binom{0.11}{0}$ 孔内转动。将各部分的形状结构分析清楚后,即可想象出阀体的内外形状和结构。

3. 分析尺寸和技术要求。

阀体的形状结构比较复杂,标注的尺寸较多,在此仅分析其中的重要尺寸,其余尺寸请读者自行分析。

以阀体的水平轴线为径向尺寸基准,在主视图上注出了水平方向上各孔的直径尺寸,如 $\Phi50H11\binom{+0.16}{0}$、$\Phi43$、$\Phi35$、$\Phi20$、$\Phi28.5$、$\Phi32$ 等;在主视图右端注出了外螺纹尺寸 $M36\times2-6g$。把这个基准作为宽度方向的尺寸基准,在左视图上注出了阀体中下部圆柱面的外形尺寸 $\Phi55$,方形凸缘的宽度尺寸 75 及其四个圆角和螺孔的前后定位尺寸 49,在俯视图上注出了扇形限位块的角度尺寸 $90°\pm1°$。把这个基准作为高度方向的尺寸基准,在左视图上注出了方形凸缘的高度尺寸 75 及其四个圆角和螺孔的上下定位尺寸 49,扇形限位块顶面的定位尺寸 $56_0^{+0.46}$,以限位块顶面为高度方向的第一辅助基准,注出有关尺寸 2、4 和 29,再由尺寸 29 确定的垂直台阶孔 $\Phi22H11\binom{+0.13}{0}$ 的槽底为高度方向的第二辅助基准,注出尺寸 13,由此再注出螺纹退刀槽尺寸 3。以阀体的铅直轴线为径向尺寸基准,在主视图上注出了垂直方向上各孔的直径尺寸,如:$\Phi36$、$\Phi26$、$\Phi24.3$、$\Phi22H11\binom{+0.13}{0}$、$\Phi18H11\binom{+0.11}{0}$ 等;在主视图上端注出了内螺纹尺寸 $M24\times1.5-7H$。把这个基准作为长度方向和宽度方向的尺寸基准,在主视图上注出了垂直孔到左端面的距离 $21_{-0.13}^0$;注出尺寸 8,表示阀体的球形外轮廓的球心位置,并标注出圆球半径尺寸 SR27.5。将左端面作为长度方向的第一辅助基准,注出了尺寸 12、41 和 75。再以 41 右侧 $\Phi35$ 的圆柱形槽底和阀体右端面作为长度方向的第二辅助基准,注出 7、5、15 等尺寸。

此外,在左视图上还注出了左端面方形凸缘上四个圆角的半径尺寸 R13,四个螺孔的尺

寸 $4 \times M12 - 7H$，铸造圆角 R8。

从以上分析看出，阀体中比较重要的尺寸都标注了偏差数值。其中 $\Phi18H11({}_{0}^{+0.11})$ 孔与阀杆上 $\Phi18c11({}_{-0.205}^{-0.095})$ 配合要求较高，注有 Ra 值为 $6.3\mu m$ 的表面粗糙度。$\Phi22H11({}_{0}^{+0.13})$ 槽底与添料之间装有填料垫，不产生配合，表面粗糙度要求不严，注有 Ra 值为 $12.5\mu m$ 的表面粗糙度。零件上不太重要的加工表面的 Ra 值为 $25\mu m$。

主视图中对于阀体的形位公差要求是：空腔 $\Phi35$ 槽的右端面相对 $\Phi35$ 圆柱槽轴线的垂直度公差为 $0.06mm$；$\Phi18H11({}_{0}^{+0.11})$ 圆柱孔轴线相对 $\Phi35$ 圆柱槽轴线的垂直度公差为 $0.08mm$。

在图中还用文字补充说明了有关热处理和未注圆角 $R1 \sim R3$ 的技术要求。

任务实施

1.识读图 8-57，小组讨论完成下列内容。

（1）从标题栏可知，阀体按_____绘制，与实物大小一致，材料为_____。因阀体的毛坯为铸件，内、外表面都有一部分需要进行切削加工，因而加工前需要进行_____。

（2）以阀体的_____为径向尺寸基准，在主视图上注出了水平方向上各孔的直径尺寸，如：_____、_____、_____、_____、_____等。

（3）以阀体的铅直轴线为_____基准，在主视图上注出了垂直方向上各孔的直径尺寸，如：_____、_____、$\Phi24.3$、$\Phi22H11({}_{0}^{+0.13})$、$\Phi18H11({}_{0}^{+0.11})$ 等。

（4）阀体中_____尺寸都标注了偏差数值。

（5）主视图中对于阀体的形位公差要求是：空腔 $\Phi35$ 槽的右端面相对 $\Phi35$ 圆柱槽轴线的_____为 $0.06mm$；$\Phi18H11({}_{0}^{+0.11})$ 圆柱孔轴线相对 $\Phi35$ 圆柱槽轴线的垂直度公差为_____。

2.参照阀体零件图（图 8-57）写出阀体的相关信息。

评价反馈

1. 同桌之间互相提问阀体零件的有关知识。
2. 学习目标达成度的自我检查如表 8-13 所示。

自 我 检 查 表   表 8-13

序号	学习目标	达成情况(在相应选项后打"√")		
		能	不能	如不能,是什么原因
1	叙述读图的方法和步骤			
2	熟练地识读箱体的零件图			

3. 日常表现性评价(由小组长或组员间互评)。

(1)工作页填写情况(　　　)。

　　A.填写完整　　　B.缺填 0 ~ 20%　　　C.缺填 20% ~ 40%　　　D.缺填 40% 以上

(2)工作着装是否规范(　　　)。

　　A.穿着校服,佩戴胸卡　　　　　　　　B.校服或胸卡缺一项

　　C.偶尔穿着校服,佩戴胸卡　　　　　　D.一直不穿着校服,不佩戴胸卡

(3)是否达到全勤(　　　)。

　　A.全勤　　　　　　　　　　　　　　　B.缺勤 0 ~ 20%(请假)

　　C.缺勤 0 ~ 20%(旷课)　　　　　　　D.缺勤 20% 以上

(4)总体印象评价(　　　)。

　　A.非常优秀　　　B.比较优秀　　　　C.有待改进　　　　　D.急需改进

小组长签名:

　　　　　　　　　　　　　　　　　　　　　　　年　　　月　　　日

4. 教师总体评价。

(1)该同学所在小组整体印象评价(　　　)。

　　A.组长负责,组内学习气氛好

　　B.组长能组织组员按要求完成学习任务,个别组员不能达成学习目标

　　C.组内有 30% 以上的组员不能达成学习目标

　　D.组内大部分组员不能达成学习目标

(2)对该同学整体印象评价:

教师签名:

　　　　　　　　　　　　　　　　　　　　　　　年　　　月　　　日

项目九　装　配　图

★任务1　读简单零件的装配图

完成本学习任务后,你应当能:
1. 了解装配图的作用、内容和表达方法;
2. 了解装配图中各种内容的标注;
3. 掌握各种特殊画法和规定画法。

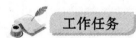

企业接到了一个球阀的订单,需要你读懂它的装配图(图9-1)。

1. 装配图概述。

任何机器都是由若干个零件按一定的装配关系和技术要求装配起来的。图9-2是球阀的轴测装配图,由13个零件组成。图9-1是表示球阀的装配图,这种用来表达机器或部件的图样,称为装配图。

2. 装配图的作用。

装配图主要表达机器或部件的结构形状、装配关系、工作原理和技术要求等内容。设计时,一般先画出装配图,再根据装配图绘制零件图;装配时,则根据装配图把各零件装配成部件或机器;同时,装配图又是安装、调试、操作和检验机器或部件的重要参考资料。由此可见,装配图是生产中主要的技术文件之一。

3. 装配图的内容。

(1)一组视图。用一组视图表达机器或部件的工作原理、零件间的装配关系、连接方式,以及主要零件的结构形状。如图9-1球阀装配图中的主视图采用全剖视,表达球阀的工作原理和各主要零件间的装配关系;俯视图表达主要零件的外形,并采用局部剖视表达扳手与阀体的连接关系;左视图采用半剖视,表达阀盖的外形以及阀体、阀杆、阀芯间的装配关系。

(2)必要的尺寸。必要的尺寸包括用来标注机器或部件的规格尺寸、零件之间的配合或相对位置尺寸、机器或部件的外形尺寸、安装尺寸以及设计时确定的其他重要尺寸等。

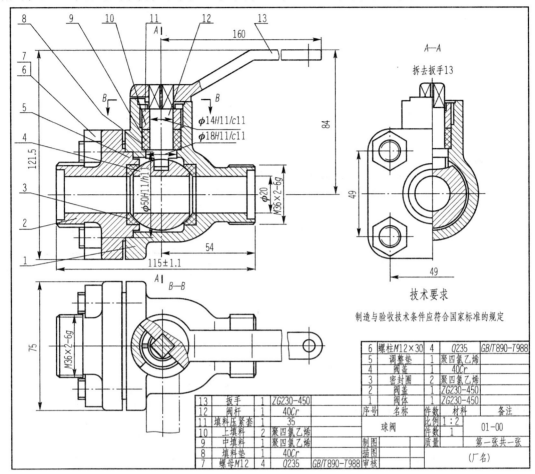

图 9-1 球阀装配图

（3）技术要求。说明机器或部件的装配、安装、调试、检验、使用与维护等方面的技术要求，一般用文字写出。

（4）序号、明细栏和标题栏。在装配图中，为了便于迅速、准确地查找每一零件，对每一零件编写序号，并在明细栏中依次列出零件序号、名称、数量、材料等。在标题栏中写明装配体的名称、图号、比例以及设计、制图、审核人员的签名和日期等。

4.装配图的表达方法。

在项目六中介绍的机件的各种表达方法，在装配图的表达中同样适用。但由于机器或部件是由若干个零件组成，装配图重点表达零件之间的装配关系、零件的主要形状结构、装配体的内外结构形状和工作原理等。国家标准 GB/T 4458.5—2003《机械制图 尺寸公差与配合注法》中对装配体的表达方法作了相应的规定，画装配图时应将机件的表达方法与装配体的表达方法结合起来，共同完成装配体的表达。

（1）规定画法。

①相邻两零件的接触面或基本尺寸相同的轴孔配合面，只画出一条线表示公共轮廓。

间隙配合即使间隙较大也必须画出一条线。如图中被连接零件的接触面,只画出一条线。如图 9-1 主视图中螺母与阀盖 2 的接触面和注有 $\Phi50H11/h11$、$\Phi18H11/C11$、$\Phi14H11/c11$ 的配合面等,只画出一条线。

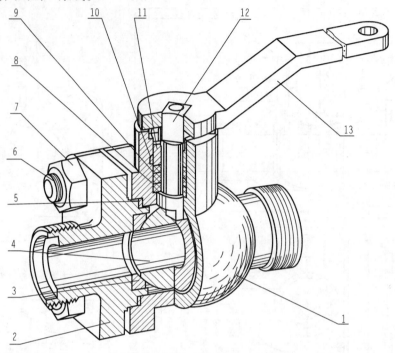

图 9-2　球阀的轴测装配图

1-阀体;2-阀盖;3-密封圈;4-阀芯;5-调整垫;6-螺杆;7-螺母;8-填料垫;9-中填料;10-上填料;11-填料压紧套;12-阀杆;13-扳手

②相邻两零件的非接触面或非配合面,应画出两条线,表示各自轮廓。相邻两零件的基本尺寸不相同时,即使间隙很小也必须画出两条线。如图中螺栓、螺柱、螺钉穿入被连接零件的孔时既不接触也不配合,画出两条线,表示各自的轮廓线。如图 9-1 中阀杆 12 的榫头与阀芯 4 的槽口的非配合面,阀盖 2 与阀体 1 的非接触面等,画出两条线,表示各自的轮廓线。

③在剖视图或断面图中,相邻两零件的剖面线的倾斜方向应相反或方向相同而间隔不同;如两个以上零件相邻时,可改变第三零件剖面线的间隔或使剖面线错开,以区分不同零件。如图中的剖面线画法。在同一张图样上,同一零件的剖面线的方向和间隔在各视图中必须保持一致。

④在剖视图中,对于标准键(如螺栓、螺母、键、销等)和实心的轴、手柄、连杆等零件,当剖切平面通过其基本轴线时,这些零件均按不剖绘制,即不画剖面线,如图 9-1 中的各标准件和如图 9-1 主视图中的阀杆 12。当需表明标准件和实心件的局部结构时,可用局部剖视表示,如图 9-1 中的扳手 13 的方孔处和图中轴上的销孔处。

(2)特殊画法。

①拆卸画法。在装配图中,当某些零件遮挡住被表达的零件的装配关系或其他零件时,可假想将一个或几个遮挡的零件拆卸,只画出所表达部分的视图,这种画法称为拆卸画法。如图 9-1 中的左视图,是拆去扳手 13 后画出的(扳手的形状在另两视图中已表达清楚)。应

用拆卸画法画图时,应在视图上方标注"拆去件××"等字样,如图9-1所示。

②沿结合面剖切画法。在装配图中,为表达某些结构,可假想沿两零件的结合面剖切后进行投影,称为沿结合面剖切画法,如图9-1所示齿轮油泵中的 *B-B* 剖视。此时,零件的结合面不画剖面线,其他被剖切的零件应画剖面线。

③假想画法。在装配图中,为了表示运动零件的运动范围或极限位置,可采用双点画线画出其轮廓,如图9-3中的齿轮油泵的主视图,用双点画线画出了安装该齿轮油泵的机体的安装板。

④夸大画法。在装配图中,对于薄片零件、细丝弹簧、微小的间隙等,当无法按实际尺寸画出或虽能画出但不明显时,可不按比例而采用夸大画法画出。如图9-1主视图中件5的厚度和图中的垫片,就是夸大画出的。

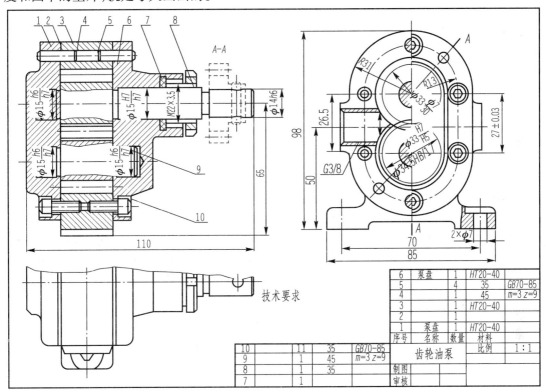

6	泵盖	1	HT20-40	
5		4	35	GB70-85
4		1	45	m=3 z=9
3		1	HT20-40	
2		1		
1	泵盖	1	HT20-40	
序号	名称	数量	材料	

10		11	35	GB70-85		齿轮油泵		比例	1:1
9		1	45	m=3 z=9					
8		1	35					制图	
7		1						审核	

图9-3　齿轮油泵

(3)简化画法。

①在装配图中,零件的工艺结构如小圆角、倒角、退刀槽等允许不画出;螺栓、螺母的倒角和因倒角而产生的曲线允许省略,如图9-4所示。

②在装配图中,若干相同的零件组(如螺纹紧固件组等),允许仅详细地画出一处,其余各处以点画线表示其位置,如图9-4的螺钉画法。

③在装配图中,滚动轴承按 GB/T 4459.7—1998《机械制图 滚动轴承表示法》的规定,开采用特征画法或规定画法。图9-4中滚动轴承采用了规定(简化)画法。在同一图样中,一般只允许采用同一种画法。

④在剖视图或断面图中,如果零件的厚度在2mm以下,允许用涂黑代替剖面符号,如图9-4中的垫片。

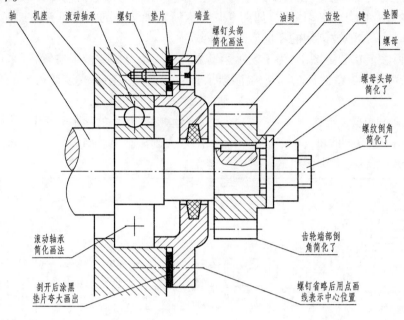

图9-4 装配图的简化画法

5. 装配图中的尺寸和技术要求。

(1)装配图的尺寸标注。

装配图中,不必也不可能注出所有零件的尺寸,只需标注出说明机器或部件的性能、工作原理、装配关系、安装要求等方面的尺寸。这些尺寸按其作用分为以下几类:

①性能(规格)尺寸。性能尺寸是用来表示机器或部件性能(规格)的尺寸。这类尺寸在设计时就已确定,是设计、了解和选用该机器或部件的依据,如图9-1球阀的管口直径 $\Phi 20$。

②装配尺寸。装配尺寸由两部分组成,一部分是各零件间配合尺寸,如图9-1中的 $\Phi 50H11/h11$ 等尺寸。另一部分是装配有关零件间的相对位置尺寸,如图9-1左视图中的49。

③外形尺寸。外形尺寸表示装配体外形轮廓大小的尺寸,即总长、总宽和总高。它为包装、运输和安装过程所占的空间提供了依据。如图9-1中球阀的总长、总宽和总高分别为 115 ± 1.1、75 和 121.5。

④安装尺寸。安装尺寸表示机器或部件安装时所需的尺寸,如图9-1中主、左视图中的84、54 和 $M36 \times 2$—6g 等。

⑤其他重要尺寸。它是在设计中确定,又不属于上述几类尺寸的一些重要尺寸,如运动零件的极限尺寸、主体零件的重要尺寸等。

上述五类尺寸,并非在每一张装配图上都必须注全,有时同一尺寸可能有几种含义,如图9-1中的 115 ± 1.1,它即是外形尺寸,又与安装有关。在装配图上到底应标注哪些尺寸,应根据装配体作具体分析后进行标注。

（2）技术要求的注写。

装配图上一般注写以下几方面的技术要求：

①装配要求。装配要求表示在装配过程中的注意事项和装配后应满足的要求。如保证间隙、精度要求、润滑和密封的要求等。

②检验要求。检验要求包括装配体基本性能的检验、试验规范和操作要求等。

③使用要求。使用要求包括对装配体的规格、参数及维护、保养、使用时的注意事项及要求。

装配图上的技术要求一般注写在明细栏上方或图样右下方的空白处。如图 9-1 所示的技术要求，注写在明细栏的上方。

6. 装配图中的零、部件序号和明细栏。

为了便于读图、进行图样管理和做好生产准备工作，装配图中的所有零、部件必须编写序号，并填写明细栏。

1）零、部件序号的编排方法。

零、部件序号包括：指引线、序号数字和序号排列顺序。

（1）指引线。

①指引线用细实线绘制，应从所指零件的轮廓线内引出，并在末端画一圆点，如图 9-5 所示。若所指零件很薄或为涂黑断面，可在指引线末端画出箭头，并指向该部分的轮廓，如图 9-6 所示。

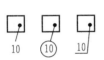

图 9-5 指引线画法

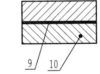

图 9-6 指引线末端为箭头的画法

②指引线的另一端可弯折成水平横线、为细实线圆或为直线段终端，如图 9-6 所示。

③指引线相互不能相交，当通过有剖面线的区域时，不应与剖面线平行。必要时，指引线可以画成折线，但只允许曲折一次。

④一组紧固件或装配关系清楚的零件组，可采用公共指引线，如图 9-7 所示。

（2）序号数字。

①序号数字应比图中尺寸数字大一号或两号，但同一装配图中编注序号的形式应一致。

②相同的零、部件的序号应一个序号，一般只标注一次。多次出现的相同零、部件，必要时也可以重复编注。

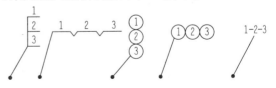

图 9-7 公共指引线

（3）序号的排列。

在装配图中，序号可在一组图形的外围按水平或垂直方向顺次整齐排列，排列时可按顺时针或逆时针方向，但不得跳号，如图 9-1 所示。当在一组图形的外围无法连续排列时，可在其他图形的外围按顺序连续排列。

（4）序号的画法。

为使序号的布置整齐美观，编注序号时应先按一定位置画好横线或圆圈（画出横线或圆圈的范围线,取好位置后再擦去范围线),然后再找好各零、部件轮廓内的适当处,一一对应地画出指引线和圆点。

2)明细栏。

明细栏是机器或部件中全部零件的详细目录,应画在标题栏上方,当位置不够用时,可续接在标题栏左方。明细栏外框竖线为粗实线,其余各线为细实线,其下边线与标题栏上边线重合,长度相等。

明细栏中,零、部件序号应按自上而下的顺序填写,以便在增加零件时可继续向上画格。GB/T 10609.1—2008《技术制图 标题栏》和 GB/T 10609.2—2009《技术制图》中分别规定了标题栏和明细栏的统一格式。学校制图作业明细栏可采用图 9-8 所示的格式。明细栏"名称"一栏中,除填写零、部件名称外,对于标准件还应填写其规格,有些零件还要填写一些特殊项目,如齿轮应填写"$m =$"、"$z =$"。

标准件的国标号应填写在"备注"中。

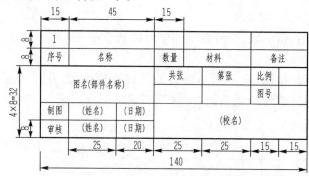

图 9-8　推荐学校使用的标题栏、明细栏

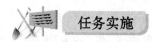

1.识读图 9-1,小组讨论识图步骤(把步骤写在下面)。

2.总结装配图的相关表达方式。

评价反馈

1. 同桌之间互相提问装配图的有关知识。

2. 学习目标达成度的自我检查如表 9-1 所示。

自 我 检 查 表 表 9-1

序号	学习目标	达成情况(在相应选项后打"√")		
		能	不能	如不能,是什么原因
1	了解装配图作用内容表达方法			
2	了解装配图中各种内容标注			
3	掌握各种特殊画法和规定画法			

3. 日常表现性评价(由小组长或组员间互评)。

(1) 工作页填写情况(　　　)。

    A. 填写完整　　　B. 缺填 0 ~ 20%　　　C. 缺填 20% ~ 40%　　　D. 缺填 40% 以上

(2) 工作着装是否规范(　　　)。

    A. 穿着校服,佩戴胸卡　　　　　　B. 校服或胸卡缺一项

    C. 偶尔穿着校服,佩戴胸卡　　　　D. 一直不穿着校服,不佩戴胸卡

(3) 是否达到全勤(　　　)。

    A. 全勤　　　　　　　　　　　　B. 缺勤 0 ~ 20%(请假)

    C. 缺勤 0 ~ 20%(旷课)　　　　　D. 缺勤 20% 以上

(4) 总体印象评价(　　　)。

    A. 非常优秀　　　B. 比较优秀　　　C. 有待改进　　　D. 急需改进

小组长签名:

年　　　月　　　日

4. 教师总体评价。

(1) 该同学所在小组整体印象评价(　　　)。

    A. 组长负责,组内学习气氛好

    B. 组长能组织组员按要求完成学习任务,个别组员不能达成学习目标

    C. 组内有 30% 以上的组员不能达成学习目标

    D. 组内大部分组员不能达成学习目标

(2) 对该同学整体印象评价:

教师签名:

年　　　月　　　日

任务2　画出简单零件的装配图

完成本学习任务后，你应当能：

1. 叙述常见的装配结构；
2. 掌握画装配图的方法与步骤；
3. 画出简单零件的装配图。

企业接到了球阀（图9-9）的订单，需要你画出它的装配图。

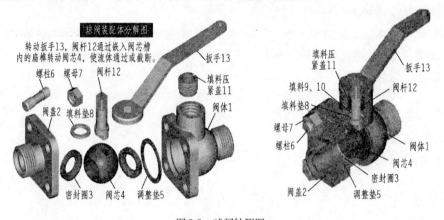

图9-9　球阀轴测图

1. 在绘制装配图时，为保证装配体达到应用的性能要求，又考虑安装与拆卸方便，应注意装配结构的合理性。

（1）接触面的数量和结构。

两零件在同一方向（横向、竖向或径向）只能有一对接触面，这样既保证接触良好，又降低加工要求，否则将使加工困难，并且不可能同时接触。如图9-10所示。

（2）转折处的结构。

零件两个方向的接触面应在转折处做成倒角、倒圆或凹槽，以保证两个方向的接触面接触良好。转折处不应成直角或尺寸相同的圆角，否则会使装配时转折处发生干涉，因接触不良而影响装配精度。如图9-11所示。

（3）螺纹连接的结构。

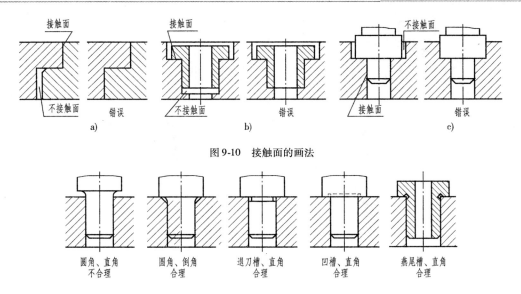

图 9-10 接触面的画法

图 9-11 接触面转折处的结构

为了保证螺纹旋紧,应在螺纹尾部留出退刀槽或在螺孔端部加工出凹坑或倒角,如图9-12所示。

为了保证连接件与被连接件间接触良好,被连接件上应做成沉孔或凸台,被连接件通孔的直径应大于螺孔大径或螺杆直径,如图9-13 所示。

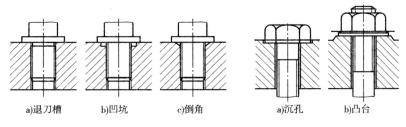

图 9-12 利于旋紧的结构

图 9-13 保证良好接触的结构

(4)维修、拆卸的结构。

当用螺栓连接时,应考虑足够的安装和拆卸空间,如图9-14、图9-15 所示。

图 9-14 留出扳手操作空间

图 9-15 加大装、拆空间

在用孔肩或轴肩定位滚动轴承时,应考虑维修时拆卸的方便与可能。即孔肩高度必须小于轴承外圈厚度;轴肩高度必须小于轴承内圈厚度,如图9-16 所示。

为使两零件装配时准确定位及拆卸后不降低装配精度,常用圆柱销或圆锥销将两零件定位,如图9-17a)所示。为了加工和拆卸的方便,在可能时将销孔做成通孔,如图9-17b)所示。

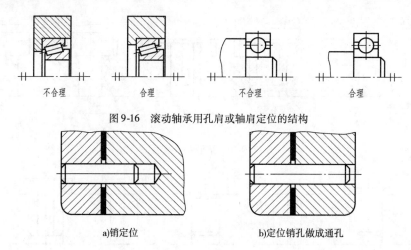

图9-16　滚动轴承用孔肩或轴肩定位的结构

a)销定位　　　　　　　　b)定位销孔做成通孔

图9-17　销定位结构

2. 画装配图的方法和步骤。

部件是由若干零件装配而成的,根据零件图及其相关资料,可以了解各零件的结构形状,分析装配体的用途、工作原理、连接和装配关系,然后按各零件图拼画成装配图。

现以球阀为例,介绍由零件图拼画装配图的方法和步骤。球阀中的主要零件阀芯、阀杆、阀盖、阀体已在项目八中作了介绍。现增加球阀上的其他重要零件图,如:密封圈(图9-18)、填料压紧套(图9-19)、扳手(图9-20)等,介绍画装配图的方法和步骤,其他的零件图不再列出。

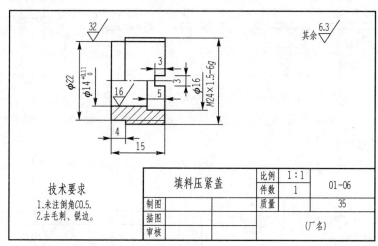

填料压紧盖		比例	1:1	01-06
		件数	1	
制图			质量	35
描图				
审核			(厂名)	

技术要求
1.未注倒角C0.5.
2.去毛刺、锐边。

图9-18　密封圈

由零件图拼画装配图应按下列方法和步骤进行:

(1)了解部件的装配关系和工作原理。

球阀的装配关系是:阀体1与阀盖2上都带有方形凸缘结构,用四个螺柱6和螺母7可将它们连接在一起,并用调整垫5调节阀芯4与密封圈3之间的松紧。阀体上部阀杆12上的凸块与阀芯上的凹槽榫接,为了密封,在阀体与阀杆之间装有填料垫8、中填料9和上填料10,并旋入填料压紧套11。球阀的工作原理是:将扳手13的方孔套进阀杆12上部的四棱柱,当扳手处于轴测图所示的位置时,阀门全部开启,管道畅通;当扳手按顺时针方向旋转90°时,则阀门全部关闭,管道断流。从俯视图上的*B-B*局部剖视图,可看到阀体1顶部限位凸块的形状(90°扇形),该凸块用来限制扳手13旋转的极限位置。

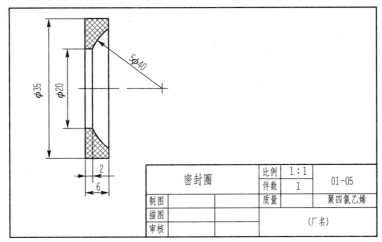

图 9-19　填料压紧套

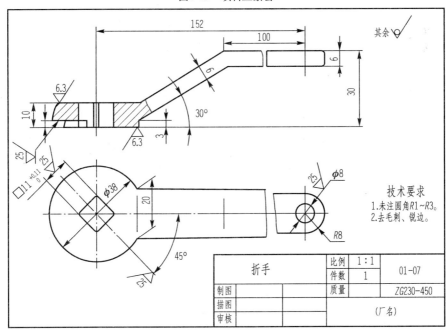

图 9-20　扳手

(2)确定表达方案。

装配图表达方案的确定,包括选择主视图、其他视图和表达方法。

①选择主视图。一般将装配体的工位置作为主视图的位置,以最能反映装配体装配关系、位置关系、传动路线、工作原理主要结构形状的方向作为主视图投射方向。由于球阀的工作位置变化较多,故将其置放为水平位置作为主视图的投射方向,以反映球阀各零件从左到右和从上向下的位置关系、装配关系和结构形状,并结合其他视图表达球阀的工作原理和

传动路线。

②选择其他视图和表达方法。主视图不可能把装配体的所有结构形状全部表达清楚,应选择其他视图补充表达尚未表达清楚的内容,并选择合适的表达方法。如图 9-1 所示,用前后的对称的剖切平面剖开球阀,得到全剖的主视图,清楚地表达了各零件间的位置关系、装配关系和工作原理,但球阀的外形形状和其他的一些装配关系并未表达清楚。故选择左视图补充表达外形形状,并以半剖视进一步表达装配关系;选择俯视图并作 *B-B* 局部剖视,反映扳手与限位凸块的装配关系和工作位置。

(3)画装配图的方法和步骤(图 9-21 所示)。

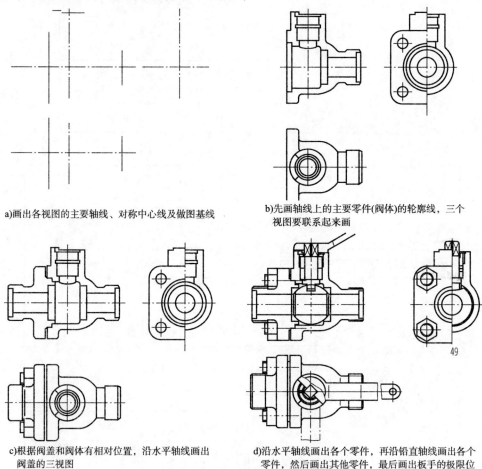

a)画出各视图的主要轴线、对称中心线及做图基线

b)先画轴线上的主要零件(阀体)的轮廓线,三个视图要联系起来画

c)根据阀盖和阀体有相对位置,沿水平轴线画出阀盖的三视图

d)沿水平轴线画出各个零件,再沿铅直轴线画出各个零件,然后画出其他零件,最后画出扳手的极限位置(这里因地方不够未画)

图 9-21 画装配图底稿的方法和步骤

①确定了装配体的视图和表达方案后,根据视图表达方案和装配体的大小,选定图幅和比例,画出标题栏,明细栏框格。

②合理布图,画出各视图的主要轴线(装配干线)、对称中心线和做图基准线。

③画主要装配干线上的零件,采取由内向外(或由外向内)的顺序逐个画每一零件。

④画图时,从主视图开始,并将几个视图结合起来一起画,以保证投影准确和防止缺漏线。

⑤底稿画完后,检查描深图线、画剖面线、标注尺寸。

⑥编写零、部件序号,填写标题栏、明细栏、技术要求。

⑦完成全图后,再仔细校核,准确无误后,签名并填写时间。

想 一 想

1.两零件在同一方向(横向、竖向或径向)只能有_____接触面,这样既保证接触良好,又降低_____,否则将使加工困难,并且不可能同时接触。

2.零件两个方向的接触面应在转折处做成_____、_____或凹槽,以保证两个方向的接触面接触良好。

3.装配图表达方案的确定,包括选择_____、其他视图和表达方法。

任务实施

参照球阀轴测图(图9-9)画出球阀的装配图。

评价反馈

1.同桌之间互相提问阀体零件的有关知识。

2.学习目标达成度的自我检查如表9-2所示。

自 我 检 查 表　　　　　　　　　　　　　　　　表9-2

序号	学习目标	达成情况(在相应选项后打"√")		
		能	不能	如不能,是什么原因
1	叙述常见的装配结构			
2	掌握画装配图方法与步骤			
3	画出简单零件的装配图			

3.日常表现性评价(由小组长或组员间互评)。

(1)工作页填写情况(　　)。

　　A. 填写完整　　B. 缺填 0～20%　　C. 缺填 20%～40%　　D. 缺填 40% 以上

(2)工作着装是否规范(　　)。

　　A. 穿着校服,佩戴胸卡　　　　　　B. 校服或胸卡缺一项

　　C. 偶尔穿着校服,佩戴胸卡　　　　D. 一直不穿着校服,不佩戴胸卡

(3)是否达到全勤(　　)。

　　A. 全勤　　　　　　　　　　　　B. 缺勤 0～20%(请假)

　　C. 缺勤 0～20%(旷课)　　　　　D. 缺勤 20% 以上

(4)总体印象评价(　　)。

　　A. 非常优秀　　B. 比较优秀　　　C. 有待改进　　　　D. 急需改进

小组长签名:

年　　月　　日

4. 教师总体评价。

(1)该同学所在小组整体印象评价(　　)。

　　A. 组长负责,组内学习气氛好

　　B. 组长能组织组员按要求完成学习任务,个别组员不能达成学习目标

　　C. 组内有 30% 以上的组员不能达成学习目标

　　D. 组内大部分组员不能达成学习目标

(2)对该同学整体印象评价:

教师签名:

年　　月　　日

任务3 识读并拆画简单零件的装配图

完成本学习任务后,你应当能:
1. 掌握读装配图和拆画零件图的方法与步骤;
2. 读懂装配图并拆画零件图。

 工作任务

企业接到了一个油泵的订单,需要你读懂齿轮油泵的装配图(图9-22),并拆画出右端盖的零件图。

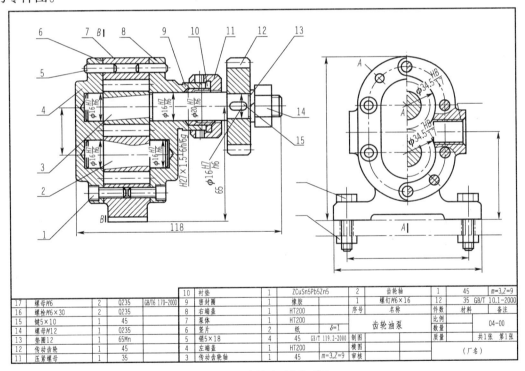

序号	名称	件数	材料	备注
1	螺钉M6×16	12	35	GB/T 10.1-2000
2	齿轮轴	1	45	m=3,Z=9
3	传动齿轮轴	1	45	m=3,Z=9
4	左端盖	1	HT200	
5	销5×18	4	45	GB/T 119.2-2000
6	垫片	2	纸	δ=1
7	泵体	1	HT200	
8	右端盖	1	HT200	
9	密封圈	1	橡胶	
10	衬垫	1	ZCuSn5Pb5Zn5	
11	压紧螺母	1	35	
12	传动齿轮	1	45	
13	垫圈12	1	65Mn	
14	螺母M12	1	Q235	
15	键5×10	1	45	
16	螺栓M6×30	2	Q235	
17	螺母M6	2	Q235	GB/T6 170-2000

齿轮油泵　比例/数量　04-00　质量　共1张 第1张　(厂名)　制图/描图/审核

图9-22 齿轮油泵的装配图

 相关理论

1. 读装配图的目的。

了解部件的作用和工作原理,了解各零件间的装配关系、拆装顺序及各零件的主要结构形状和作用,了解主要尺寸、技术要求和操作方法。在设计时,还要根据装配图画出该部件的零件图。

2. 读装配图及由装配图拆画零件图的方法和步骤。

(1)概括了解。

读装配图时,首先由标题栏了解机器或该部件的名称;由明细栏了解组成机器或部件中各零件的名称、数量、材料及标准件的规格,估计部件的复杂程度;由画图的比例、视图大小和外形尺寸,了解机器或部件的大小;由产品说明书和有关资料,并联系生产实践知识,了解机器或部件的性能、功用等,从而对装配图的内容有一个概括的了解。

(2)分析视图。

首先找到主视图,再根据投影关系识别其他视图的名称,找出剖视图、断面图所对应的剖切位置。根据向视图或局部视图的投射方向,识别出表达方法的名称,从而明确各视图表达的意图和侧重点,为下一步深入看图作准备。

(3)分析零件,读懂零件的结构形状。

分析零件,就是弄清每个零件的结构形状及其作用。一般应先从主要零件入手,然后是其他零件。当零件在装配图中表达不完整时,可对有关的其他零件仔细观察和分析,然后再作结构分析,从而确定该零件的内外结构形状。

(4)分析装配关系和工作原理。

对照视图仔细研究部件的装配关系和工作原理,是深入看图的重要环节。在概括了解装配图的基础上,从反映装配关系、工作原理明显的视图入手,找到主要装配干线,分析各零件的运动情况和装配关系;再找到其他装配干线,继续分析工作原理、装配关系、零件的连接、定位以及配合的松紧程度等。

(5)由装配图拆画零件图。

由装配图拆画零件图是设计过程中的重要环节,也是检验看装配图和画零件图的能力的一种常用方法。拆画零件图前,应对所拆零件的作用进行分析,然后把该零件从与其组装的其他零件中分离出来。分离零件的基本方法是:首先在装配图上找到该零件的序号和指引线,顺着指引线找到该零件;再利用投影关系、剖面线的方向找到该零件在装配图中的轮廓范围;经过分析,补全所拆画零件的轮廓线。有时,还需要根据零件的表达要求,重新选择主视图和其他视图。选定或画出视图后,采用抄注、查取、计算的方法标注零件图上的尺寸,并根据零件的功用注写技术要求,最后填写标题栏。

3. 读装配图及由装配图拆画零件图举例。

读齿轮油泵的装配图,如图9-22所示,并拆画右端盖8的零件图。

(1)概括了解。

齿轮油泵是机器中用来输送润滑油的一个部件。对照零件序号和明细栏可知:齿轮油泵由泵体、左右端盖、运动零件(传动齿轮、齿轮轴等)、密封零件和标准件等17种零件装配而成,属于中等复杂程度的部件。三个方向的外形尺寸分别是118mm、85mm、93mm,体积不大。

(2)分析视图。

齿轮油泵采用两个基本视图表达。主视图采用全剖视图,反映了组成齿轮油泵的各个零件间的装配关系。左视图采用了沿垫片6与泵体7结合面处的剖切画法,产生了"B-B"半剖视图,又在吸、压油口处画出了局部剖视图,清楚地表达了齿轮油泵的外形和齿轮的啮合情况。

（3）分析零件，读懂零件的结构形状。

从装配图看出，泵体 7 的外形形状为长圆，中间加工成 8 字型通孔，用以安装齿轮轴 2 和传动齿轮轴 3；四周加工有两个定位销孔和六个螺孔，用以定位和旋入螺钉 1 并将左端盖 4 和右端盖 8 连接在一起；前后铸造出凸台并加工成螺孔，用以连接吸油和压油管道；下方有支承脚架与长圆连接成整体，并在支承脚架上加工有通孔，用以穿入螺栓将齿轮油泵与机器连接在一起。左端盖 4 的外形形状为长圆，四周加工有两个定位销孔和六个阶梯孔，用以定位和装入螺钉 1 将左端盖 4 与泵体连接在一起；在长圆结构左侧铸造出长圆凸台，以保证加工支承齿轮轴 2、传动齿轮轴 3 的孔的几个深度；右端盖 8 的右上方铸造出圆柱型结构，外表面加工螺纹，用以零件压紧螺母，内部加工成通孔以保证齿轮传动轴伸出，其他结构与左端盖 4 相似。其他零件的结构形状请读者自行分析。

（4）分析装配关系和工作原理。

泵体 7 是齿轮油泵中的主要零件之一，它的空腔中容纳了一对吸油和压油的齿轮。将齿轮轴 2、传动齿轮轴 3 装入泵体后，两侧有左端盖 4、右端盖 8 支承这一对齿轮轴的旋转运动。由销 5 将左、右端盖定位后，再用螺钉 1 将左、右端盖与泵体连接，为了防止泵体与端盖的结合面处和传动齿轮轴 3 伸出端漏油，分别用垫片 6 和密封圈 9、衬套 10、压紧螺母 11 密封齿轮轴 2、传动齿轮轴 3、传动齿轮 12 等是齿轮油泵中的运动零件。当传动齿轮 12 按逆时针方向（从左视图观察）转动时，通过键 15 将扭矩传递给传动齿轮轴 3，结构齿轮啮合带动齿轮轴 2，使齿轮轴 2 按顺时针方向转动，如图 9-23 所示。

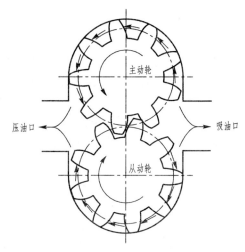

图 9-23 齿轮油泵工作原理

齿轮油泵的主要功用是通过吸油、压油，为机器提供润滑油。当一对齿轮在泵体中作啮合传动时啮合区内右边空间的压力降低，产生局部真空，油池内的油在大气压力作用下进入油泵低压区的吸油口。随着齿轮的转动，齿槽中的油不断沿箭头方向被带到左边的压油口压出，送到机器需要润滑的部位。

（5）齿轮油泵装配图中的配合和尺寸分析。

根据零件在部件中的作用和要求，应注出相应的公差带代号。由于传动齿轮 12 要通过键 15 传递扭矩并带动传动齿轮轴 3 转动，因此需要定出相应的配合。在图中可以看到，它们之间的配合尺寸是 $\Phi14H7/k6$；齿轮轴 2 和传动齿轮轴 3 与左、右端盖的配合尺寸是 $\Phi16H7/h6$；衬套 10 右端盖 8 的孔配合尺寸是 $\Phi20H7/h6$；齿轮轴 2 和传动齿轮轴 3 的齿顶圆与泵体 7 内腔的配合尺寸是 $\Phi33H8/f7$。各处配合的基准制、配合类别请读者自行判断。

尺寸 27 ± 0.016 是齿轮轴 2 和传动齿轮轴 3 的中心距，准确与否将直接影响齿轮的啮合传动。尺寸 65 是传动齿轮轴线离泵体安装面的高度尺寸。这两个尺寸分别是设计和安装所要求的尺寸。吸、压油口的尺寸 $Rp3/8$ 表示尺寸代号为 3/8 的 55° 密封圆柱内螺纹。两个螺栓之间的尺寸 70 表示齿轮油泵与机器连接时的安装尺寸。

（6）由装配图拆画右端盖的零件图。

现以拆画右端盖 8 的零件图为例进行分析。拆画零件图时,先在装配图上找到右端盖 8 的序号和指引线,再顺着指引线找到右端盖 8,并利用"高平齐"的投影关系找到该零件在左视图上的投影关系,确定零件在装配图中的轮廓范围和基本形状。在装配图的主视图上,由于右端盖 8 的一部分轮廓线被其他零件遮挡,因此分离出来的是一幅不完整的图形,如图 9-24a)所示。经过想象和分析,可补画出被遮挡的可见轮廓线,如图 9-24b)所示。从装配图的主视图中拆画出的右端盖 8 的图形,反映了右端盖 8 的工作位置,并表达了各部分的主要结构形状,仍可作为零件图的主视图。因为右端盖 8 属

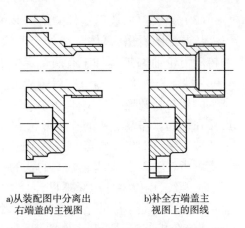

a)从装配图中分离出
右端盖的主视图

b)补全右端盖主
视图上的图线

图 9-24　由齿轮油泵装配图拆画右端盖零件图的
思考过程

于轮盘类零件,一般需要用两个视图表达内外结构形状。因此,当右端盖 8 的主视图确定后,还需要用右视图辅助完成主视图尚未表达清楚的外形、定位销孔和六个阶梯孔的位置等。

图 9-25 是画出表达外形的右视图后的右端盖 8 零件图。在图中按零件图的要求标注出尺寸和技术要求,有关的尺寸公差和螺纹的标记是根据装配图中已有的要求抄注的,内六角圆柱头螺钉孔的尺寸可在有关标准中查找,最后填写标题栏。

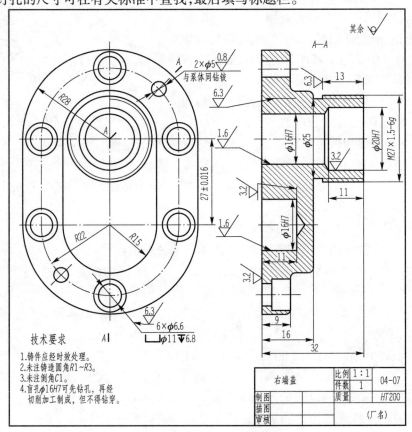

图 9-25　右端盖零件图

想 一 想

1. 读装配图时,首先由标题栏了解机器或该部件的_____;由明细栏了解组成机器或部件中各零件的_____、_____、_____及标准件的_____,估计部件的复杂程度;由画图的比例、视图大小和外形尺寸,了解机器或部件的_____;由产品说明书和有关资料,并联系生产实践知识,了解机器或部件的_____、_____等,从而对装配图的内容有一个概括的了解。

2. 分析视图时,首先找到_____,再根据投影关系识别_____的名称,找出剖视图、断面图所对应的_____。根据向视图或局部视图的投射方向,识别出_____的名称,从而明确各视图表达的_____,为下一步深入看图作准备。

3. 由装配图拆画零件图是_____中的重要环节,也是检验看装配图和画零件图的能力的一种_____。拆画零件图前,应对所拆零件的_____进行分析,然后把该零件从与其组装的其他零件中_____出来。分离零件的基本方法是:首先在装配图上找到该零件的_____和_____,顺着指引线找到该零件;再利用_____、剖面线的_____找到该零件在装配图中的_____。经过分析,补全所拆画零件的_____。有时,还需要根据零件的表达要求,重新选择_____和其他视图。选定或画出视图后,采用_____、_____、计算的方法标注零件图上的尺寸,并根据零件的功用注写_____,最后填写_____。

 任务实施

拆画出图 9-22 中右端盖 8 的零件图(画在 A4 图纸上)。

 评价反馈

1. 同桌之间互相提问识读装配图和拆画零件图的有关知识。

2. 学习目标达成度的自我检查如表 9-3 所示。

自 我 检 查 表　　　　　　　　　　　　　　　　　　　　表 9-3

序号	学习目标	达成情况(在相应选项后打"√")		
		能	不能	如不能,是什么原因
1	掌握读装配图和拆画零件图的方法与步骤			
2	读懂装配图并拆画零件图			

3. 日常表现性评价(由小组长或组员间互评)。

(1)工作页填写情况(　　　)。

　　A.填写完整　　B.缺填 0 ~ 20%　　C.缺填 20% ~ 40%　　D.缺填 40% 以上

(2)工作着装是否规范(　　　)。

　　A.穿着校服,佩戴胸卡　　　　　　B.校服或胸卡缺一项

C.偶尔穿着校服,佩戴胸卡　　　　D.一直不穿着校服,不佩戴胸卡

（3）是否达到全勤（　　）。

A.全勤　　　　　　　　　　　B.缺勤 0～20%（请假）

C.缺勤 0～20%（旷课）　　　　D.缺勤 20% 以上

（4）总体印象评价（　　）。

A.非常优秀　　B.比较优秀　　C.有待改进　　　　D.急需改进

小组长签名:

年　月　日

4.教师总体评价。

（1）该同学所在小组整体印象评价（　　）。

A.组长负责,组内学习气氛好

B.组长能组织组员按要求完成学习任务,个别组员不能达成学习目标

C.组内有 30% 以上的组员不能达成学习目标

D.组内大部分组员不能达成学习目标

（2）对该同学整体印象评价:

教师签名:

年　月　日

任务4 绘制轴测图

完成本学习任务后,你应当能:

1. 掌握项目一～项目五中的基本知识点;

2. 熟练理解项目一～项目五中的基本知识点结构体系。

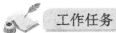

掌握项目一～项目五中的基本点,并能熟练应用。

1. 制图的基本知识。

$$(1)基本规定\begin{cases}国标代号\\图幅种类\\标题栏\\字体\\比例\\图线\end{cases}$$

$$(2)尺寸标注\begin{cases}四原则\begin{cases}实际大小\\单位\\相同尺寸\end{cases}\\三要素\begin{cases}标最后完工尺寸\\尺寸界线\\尺寸线\\尺寸数字\end{cases}\end{cases}$$

2. 正投影做图。

(1)投影:三要素和分类。

(2)三视图:三面投影体系和三视图的对等关系及投影规律。

(3)点、线、面的投影。

(4)正投影法的基本特性。

3. 基本体视图。

(1)基本体分类及其定义。

(2)截交线的定义和性质。

（3）相贯线的定义和性质。

4.轴测图。

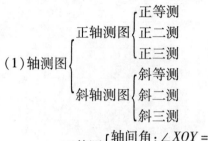

（1）轴测图 $\left\{\begin{array}{l}\text{正轴测图}\left\{\begin{array}{l}\text{正等测}\\\text{正二测}\\\text{正三测}\end{array}\right.\\\text{斜轴测图}\left\{\begin{array}{l}\text{斜等测}\\\text{斜二测}\\\text{斜三测}\end{array}\right.\end{array}\right.$

（2）规定 $\left\{\begin{array}{l}\text{正等测}\left\{\begin{array}{l}\text{轴间角}:\angle XOY=\angle YOZ=\angle XOZ=120°\\\text{轴向伸缩系数}:p=q=r=1\end{array}\right.\\\text{斜二测}\left\{\begin{array}{l}\text{轴间角}:\angle XOZ=90°\\\text{轴向伸缩系数}:p=r=1,q=0.5\end{array}\right.\end{array}\right.$

5.组合体。

（1）组合形式:叠加式和切割式。

（2）表面连接关系相交 $\left\{\begin{array}{l}\text{平齐:无分界线}\\\text{错开:有分界线}\\\text{相交:有分界线}\\\text{相切:一般无分界线}\end{array}\right.$

任务实施

各小组讨论并根据相关知识,每人出一套试题,写在空白处。

要求:

1.试题要全面覆盖知识点;

2.题型不少于两种;

3.正确答案另写在一张纸上;

4.不够可另附纸。

评价反馈

1.学习自测题。

（1）尺寸标注的三要素是____、____、____。

（2）主视图和左视图是（　　）。

　　A.长对正　　　　　　B.高平齐　　　　　　C.宽相等

（3）正轴测图是采用（　　）绘制的具有立体感的图形。

　　A.中心投影法　　　　B.平行投影法　　　　C.正投影法

（4）以下表面连接中,一定没有分界线的是（　　）。

　　A.平齐　　　　　　　B.错开　　　　　　　C.相交　　　　　　D.相切

2. 学习目标达成度的自我检查如表9-4所示。

自 我 检 查 表

表9-4

序号	学习目标	达成情况(在相应选项后打"√")		
		能	不能	如不能,是什么原因
1	掌握项目一～项目五中的基本知识点			
2	熟练理解项目一～项目五中的基本知识点结构体系			

3. 日常表现性评价(由小组长或组员间互评)。

(1)工作页填写情况( )。

    A. 填写完整   B. 缺填0～20%   C. 缺填20%～40%   D. 缺填40%以上

(2)工作着装是否规范( )。

    A. 穿着校服,佩戴胸卡   B. 校服或胸卡缺一项

    C. 偶尔穿着校服,佩戴胸卡   D. 一直不穿着校服,不佩戴胸卡

(3)是否达到全勤( )。

    A. 全勤   B. 缺勤0～20%(请假)

    C. 缺勤0～20%(旷课)   D. 缺勤20%以上

(4)总体印象评价( )。

    A. 非常优秀   B. 比较优秀   C. 有待改进   D. 急需改进

小组长签名:

年　　月　　日

4. 教师总体评价。

(1)该同学所在小组整体印象评价( )。

    A. 组长负责,组内学习气氛好

    B. 组长能组织组员按要求完成学习任务,个别组员不能达成学习目标

    C. 组内有30%以上的组员不能达成学习目标

    D. 组内大部分组员不能达成学习目标

(2)对该同学整体印象评价:

教师签名:

年　　月　　日

任务5 绘制零件图

完成本学习任务后,你应当能:
1.掌握项目六~项目九中的基本知识点;
2.熟练应用各知识点。

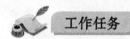

掌握项目六~项目九中的各基本知识点,并能熟练应用。

1.图样的基本表示法。

(1)视图
- 基本视图:名称、配置、对等关系
- 向视图:定义、标注
- 局部视图:定义、画法注意
- 斜视图:定义、标注

(2)剖视图
- 定义:假想、剖开、拿走、投影
- 画法:虚线变实线,加注剖面线
- 分类
  - 全剖
    - 单一全剖
    - 阶梯剖
    - 旋转剖
  - 半剖:定义、画法、标注
  - 局部剖:定义、画法、标注

(3)断面图
- 定义及与剖视图的区别
- 分类
  - 移出断面图:定义、画法、标注
  - 重合断面图:定义、画法

2.常用件的特殊表示方法。

(1)螺纹的规定画法:牙顶线——粗实线　牙底线——细实线
　　　　　　　　　　终止线——粗实线

(2)螺纹旋合的画法:旋合部分按外螺纹画,未旋合部分各画各自的。

(3)螺纹标注及含义:M20-5g6g-40。

(4)齿轮规定画法。

①单个齿轮画法:

视图	剖视图
齿根圆为细实线	齿根圆为粗实线
齿顶圆为粗实线	齿顶圆为粗实线
分度圆为细点划线	分度圆为细点划线

②齿轮啮合区规定画法:

主动轮	从动轮
齿根圆为粗实线	齿根圆为粗实线
齿顶圆为粗实线	齿顶圆为虚线
分度圆为细点划线	

(5)键连接中,平键的工作面是侧面。

(6)弹簧的有效圈数在四圈以上的螺旋式弹簧,中间部分可省略不画。

3.零件图。

(1)零件图的内容:一组视图、完整的尺寸、必要的技术要求、填写完整的标题栏。

(2)表面粗糙度:

①评定参数:算术平均偏差 R_a。

②符号:√。

(3)公差与配合。

①互换性。

②基本术语:基本尺寸、极限尺寸、实际尺寸、尺寸偏差、尺寸公差。

③配合类别:间隙配合、过盈配合、过渡配合。

④配合制:基孔制为 H、基轴制为 h。

(4)形位公差。

①名称和符号。

②标注。

4.装配图。

装配图的内容:一组视图、必要的尺寸、技术要求、零件序号和明细表、标题栏。

 任务实施

各小组讨论并根据相关知识,每人出一套试题,写在空白处。

要求:1.试题要全面覆盖知识点;

2.题型不少于两种;

3.正确答案另写在一张纸上;

4.不够可另附纸。

评价反馈

1.学习自测题。

(1)基本视图有_____、_____、_____、_____、_____、_____。

(2)下列不属于剖视图的是(   )。

    A.阶梯剖   B.半剖视图   C.旋转剖   D.局部视图

(3)剖视图中剖面线一般采用_____等距离_____的_____实线。

(4)梯形螺纹的代号为(   )。

    A.*Tr*   B.*G*   C.*M*   D.*B*

2.学习目标达成度的自我检查如表 9-5 所示。

自 我 检 查 表

表 9-5

序号	学习目标	达成情况(在相应选项后打"√")		
		能	不能	如不能,是什么原因
1	掌握项目六~项目九中的基本知识点			
2	熟练应用各知识点			

3.日常表现性评价(由小组长或组员间互评)。

(1)工作页填写情况(   )。

    A.填写完整   B.缺填 0~20%   C.缺填 20%~40%   D.缺填 40% 以上

(2)工作着装是否规范(   )。

    A.穿着校服,佩戴胸卡   B.校服或胸卡缺一项

    C.偶尔穿着校服,佩戴胸卡   D.一直不穿着校服,不佩戴胸卡

(3)是否达到全勤(   )。

    A.全勤   B.缺勤 0~20%(请假)

    C.缺勤 0~20%(旷课)   D.缺勤 20% 以上

(4)总体印象评价(   )。

    A.非常优秀   B.比较优秀   C.有待改进   D.急需改进

小组长签名:

年   月   日

4.教师总体评价。

(1)该同学所在小组整体印象评价(   )。

    A.组长负责,组内学习气氛好

    B.组长能组织组员按要求完成学习任务,个别组员不能达成学习目标

    C.组内有 30% 以上的组员不能达成学习目标

    D.组内大部分组员不能达成学习目标

(2)对该同学整体印象评价:

教师签名:

年   月   日

★ 任务 6 绘制三视图

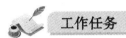

完成本学习任务后,你应当能:

1. 掌握项目一~项目五中的基本做图方法;

2. 熟练绘制常见图形。

工作任务

根据所学内容,补全图 9-26 中零件的三视图。

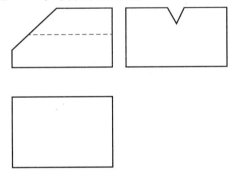

图 9-26 补画三视图

相关理论

1. 制图的基本图形相关画法。

(1)等分线段;(2)正六边形;(3)正五边形;(4)圆弧连接的画法。

2. 正投影作图。

(1)补画缺线;(2)补画第三个视图;(3)根据轴测图画三视图。

3. 基本体视图。

(1)各基本体的三视图:棱柱、棱锥、棱台、圆柱、圆锥、圆台、长方体等。

(2)截交线的画法。

(3)相贯线的画法。

4. 轴测图。

(1)正等测画法;(2)斜二测画法;(3)根据三视图画轴测图。

5. 组合体。

(1)叠加式组合体画法;

（2）切割式组合体画法；

（3）补画视图。

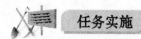

任务实施

各小组讨论并绘制下列各图形（图9-27～图9-34）。

1. 补画第三视图。

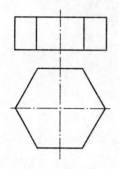

图9-27　补画第三视图1

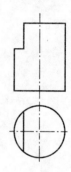

图9-28　补画第三视图2

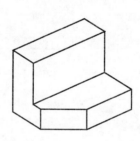

图9-29　补画第三视图3

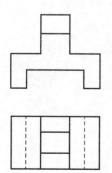

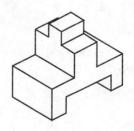

图9-30　补画第三视图4

2. 补画三视图。

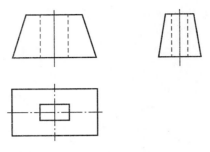

图 9-31　补画三视图

3.画轴测图。

（1）斜二测图。

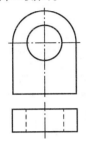

图 9-32　画斜二测

（2）正等测图。

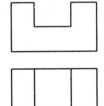

图 9-33　画正等测图

4.补画组合体视图。

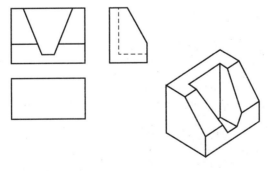

图 9-34　补画组合体视图

评价反馈

1. 学习自测题。

(1) 三视图的投影规律是____、____、____。

(2) 主视图和左视图的投影关系是____。

(3) 相贯线一般是____曲线, 当等径正交时为___曲线, 是____(形状)。

(4) 轴测图是利用____法绘制的具有立体感的图形。

(5) 组合体可分为____和____。

2. 学习目标达成度的自我检查如表9-6所示。

自 我 检 查 表
表 9-6

序号	学习目标	达成情况(在相应选项后打"√")		
		能	不能	如不能, 是什么原因
1	掌握项目一~项目五中的基本作图方法			
2	熟练绘制常见图形			

3. 日常表现性评价(由小组长或组员间互评)。

(1) 工作页填写情况(   )。

    A. 填写完整　　B. 缺填 0 ~ 20%　　C. 缺填 20% ~ 40%　　D. 缺填 40% 以上

(2) 工作着装是否规范(   )。

    A. 穿着校服, 佩戴胸卡　　　　　　　B. 校服或胸卡缺一项

    C. 偶尔穿着校服, 佩戴胸卡　　　　　D. 一直不穿着校服, 不佩戴胸卡

(3) 是否达到全勤(   )。

    A. 全勤　　　　　　　　　　　　　　B. 缺勤 0 ~ 20%(请假)

    C. 缺勤 0 ~ 20%(旷课)　　　　　　D. 缺勤 20% 以上

(4) 总体印象评价(   )。

    A. 非常优秀　　B. 比较优秀　　　C. 有待改进　　　　D. 急需改进

小组长签名:

年　　月　　日

4. 教师总体评价。

(1) 该同学所在小组整体印象评价(   )。

    A. 组长负责, 组内学习气氛好

    B. 组长能组织组员按要求完成学习任务, 个别组员不能达成学习目标

    C. 组内有 30% 以上的组员不能达成学习目标

    D. 组内大部分组员不能达成学习目标

(2) 对该同学整体印象评价:

教师签名:

年　　月　　日

★ 任务7 读零件图

学习目标

完成本学习任务后,你应当能:
1.掌握项目六~项目九中的基本做图方法;
2.熟练绘制常见图形。

工作任务

将图9-35中齿轮的左视图补画成剖视图。

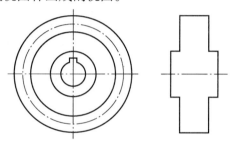

图9-35 齿轮视图

1.图样的基本表示法。

(1)视图;(2)剖视图;(3)断面图。

2.常用件的特殊表示方法。

(1)螺纹的规定画法;　　　　　　(2)螺纹旋合的画法;

(3)螺纹标注及含义;　　　　　　(4)齿轮规定画法。

(5)键连接中,平键的工作面是_____。

(6)弹簧的有效圈数在____圈以上的螺旋式弹簧,中间部分可省略不画。

3.零件图。

(1)零件图的内容:_____、_____、_____、_____。

(2)表面粗糙度。　　(3)公差与配合。　　(4)形位公差。

4.装配图。

装配图的内容:_____。

任务实施

各小组讨论并绘制下列各图形(图9-36~图9-41)。

1.做全剖视图(图9-36)。

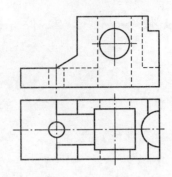

图 9-36　全剖视图

2. 补视图缺线并解释含义（图 9-37）。

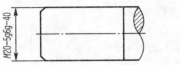

图 9-37　补全螺纹中的缺线

*M*20-5g6g-40 的含义：＿＿＿＿＿＿＿＿＿＿＿＿＿＿＿＿＿＿＿＿＿＿＿＿＿。

3. 将齿轮的左视图补画成剖视图（图 9-38）。

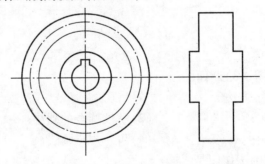

图 9-38　单个齿轮的视图

4. 将图 9-39 改画为半剖视图。

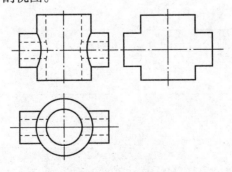

图 9-39　半剖视图

5. 根据图 9-40 所给视图画出剖视图。

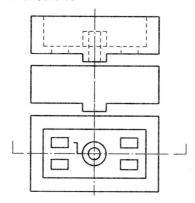

图 9-40 阶梯剖

6. 把主视图改为局部剖视图(图 9-41)。

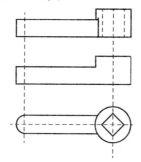

图 9-41 局部剖视图

评价反馈

1. 学习自测题。

(1)图样的基本表示法有_____、_____、_____。

(2)下列不属于剖视图的是(   )。

    A. 阶梯剖　　　　　B. 半剖视图　　　　　C. 旋转剖　　　　D. 局部视图

(3)剖视图中剖面线一般采用_____等距离_____的_____实线。

2. 学习目标达成度的自我检查如表 9-7 所示。

自 我 检 查 表　　　　　　　　　　　　　　　　　表 9-7

序号	学 习 目 标	达成情况(在相应选项后打"√")		
		能	不能	如不能,是什么原因
1	掌握项目六～项目九中的基本做图方法			
2	熟练绘制常见图形			

3. 日常表现性评价(由小组长或组员间互评)。

(1)工作页填写情况(   )。

      A. 填写完整   B. 缺填 0~20%   C. 缺填 20%~40%   D. 缺填 40% 以上

（2）工作着装是否规范（   ）。

      A. 穿着校服，佩戴胸卡   B. 校服或胸卡缺一项

      C. 偶尔穿着校服，佩戴胸卡   D. 一直不穿着校服，不佩戴胸卡

（3）是否达到全勤（   ）。

      A. 全勤   B. 缺勤 0~20%（请假）

      C. 缺勤 0~20%（旷课）   D. 缺勤 20% 以上

（4）总体印象评价（   ）。

      A. 非常优秀   B. 比较优秀   C. 有待改进   D. 急需改进

小组长签名：

                                                    年   月   日

4. 教师总体评价。

（1）该同学所在小组整体印象评价（   ）。

      A. 组长负责，组内学习气氛好

      B. 组长能组织组员按要求完成学习任务，个别组员不能达成学习目标

      C. 组内有 30% 以上的组员不能达成学习目标

      D. 组内大部分组员不能达成学习目标

（2）对该同学整体印象评价：

教师签名：

                                                    年   月   日

★ 任务8　绘制剖视图

完成本学习任务后,你应当能:
1. 掌握本科目的知识体系及内容;
2. 掌握试题类型及解题思路。

工作任务

根据所学内容,分析并改正剖视图(图9-42)。

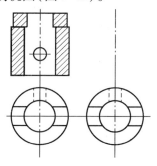

图9-42　改错

1. 选择题。

(1)下列为缩小比例的是(　　)。

　　A. 1 : 10　　　　　　B. 5 : 1　　　　　　　　C. 1 : 1

(2)国标规定的汉字应写(　　)。

　　A. 宋体　　　　　　B. 楷体　　　　　　C. 仿宋体　　　　　　D. 长仿宋体

(3)轴线、中心线用(　　)表示。

　　A. 粗实线　　　　　B. 细点画线　　　　C. 虚线　　　　　　　D. 细实线

(4)1 : 2是(　　)。

　　A. 放大比例　　　　B. 原值比例　　　　C. 缩小比例

(5)在进行尺寸标注时,尺寸线用(　　)绘制。

　　A. 细实线　　　　　B. 粗实线　　　　　C. 点划线　　　　　　D. 虚线

(6)平行投影可分为(　　)。

　　A. 中心投影法和斜投影法　　　　　　　　B. 斜投影法和正投影法

　　C. 正投影法和中心投影法

(7)点的投影作图中,V面投影与H面投影的连线与X轴的关系是(　　)。

　　A. 垂直　　　　　　B. 平行　　　　　　C. 倾斜

(8)斜二轴测图中 X 轴与 Z 轴的轴间角是(　　　)

    A. 45°　　　　　　　B. 135°　　　　　　　C. 90°　　　　　　　D. 120°

(9)正等轴测图的轴间角是(　　　)。

    A. 45°　　　　　　　B. 135°　　　　　　　C. 90°　　　　　　　D. 120°

(10)三视图中左视图可以反应物体的(　　　)。

    A. 宽和高　　　　　B. 长和高　　　　　C. 长和宽

(11)在下列形位公差中(　　　)是位置公差。

    A. 位置度　　　　　B. 直线度　　　　　C. 圆度　　　　　D. 平面度

(12)在剖视图中表示内外螺纹画法时,剖面线画至(　　　)处。

    A. 粗实线　　　　　B. 细实线　　　　　C. 无要求　　　　　D. 以上答案都不对

(13)表面粗糙度的数值越小,说明零件该表面的精度要求越(　　　)。

    A. 高　　　　　　　B. 低　　　　　　　C. 中等

(14)配合基准轴的基本偏差代号为(　　　)。

    A. G　　　　　　　B. h　　　　　　　C. g　　　　　　　D. F

(15)在齿轮的画法中齿顶线用(　　　)绘制。

    A. 细实线　　　　　B. 粗实线　　　　　C. 波浪线　　　　　D. 细点划线

(16)局部剖视图中剖视部分和视图部分的分界线是(　　　)。

    A. 点划线　　　　　B. 波浪线　　　　　C. 细实线　　　　　D. 粗实线

(17)现行的国家标准规定,螺纹的牙顶、牙底、螺纹终止线分别用(　　　)线表示。

    A. 粗实线、粗实线、细实线　　　　　　　B. 粗实线、细实线、粗实线

    C. 虚线、虚线、虚线　　　　　　　　　　D. 细实线、粗实线、细实线

(18)在剖视图中,表示内外螺纹连接时,旋合部分按(　　　)的画法绘制。

    A. 外螺纹　　　　　B. 内螺纹　　　　　C. 画成虚线　　　　　D. 以上答案都不对

(19)$\Phi50H8$ 是(　　　)配合的孔。

    A. 基孔制　　　　　B. 基轴制　　　　　C. 非基准制　　　　　D. 以上答案都不对

(20)螺旋弹簧的有效圈数在(　　　)圈以上,中间部分可省略不画。

    A. 2.5　　　　　　　B. 5　　　　　　　C. 4　　　　　　　D. 3

(21)角度的尺寸数字(　　　)。

    A. 一律水平书写　　　B. 一律竖直书写　　　C. 可以任意方向书写

(22)不等径两圆柱正交,产生的相贯线是(　　　)。

    A. 空间曲线　　　　　B. 平面曲线　　　　　C. 不一定

(23)在螺纹画法中,牙顶线用(　　　)线。

    A. 粗实线　　　　　B. 细实线　　　　　C. 虚线　　　　　D. 细点画线

(24)单个圆柱齿轮画法中,分度圆是(　　　)线。

    A. 细点划线　　　　　B. 细实线　　　　　C. 虚线

2. 判断题。

(1)标注角度时尺寸数字一律水平书写。　　　　　　　　　　　　　　(　　　)

(2)与正面垂直的面就是正垂面。　　　　　　　　　　　　　　　　　(　　　)

(3)局部视图的断裂边界线是粗实线。　　　　　　　　　　　　　　　(　　　)

(4)斜视图是属于基本视图。　　　　　　　　　　　　　　　　　　　　（　　）

(5)任意一个视图都可以反映物体的长宽高。　　　　　　　　　　　　　（　　）

(6)对视图进行尺寸标注时,线性尺寸的尺寸数字一定要字头向上。　　　（　　）

(7)用平面切割立体,平面与立体表面的交线称为截交线。　　　　　　　（　　）

(8)三视图中主、左视图同时反映物体的长度。　　　　　　　　　　　　（　　）

(9)尺寸标注的三要素是尺寸界线、尺寸线、尺寸数字。　　　　　　　　（　　）

(10)与正面平行的线称为正平线。　　　　　　　　　　　　　　　　　　（　　）

(11)机件真实大小以图样上所标注的尺寸数值为依据,与图形大小无关。（　　）

(12)三视图的投影规律为长对正、高平齐、宽相等。　　　　　　　　　　（　　）

(13)两回转体相交,其交线称为截交线。　　　　　　　　　　　　　　　（　　）

(14)正等测的轴向伸缩系数都为1。　　　　　　　　　　　　　　　　　（　　）

(15)移出断面图的轮廓线用粗实线绘制。　　　　　　　　　　　　　　　（　　）

(16)两回转体相交,其交线称为截交线。　　　　　　　　　　　　　　　（　　）

(17)正等测的轴向伸缩系数都为1。　　　　　　　　　　　　　　　　　（　　）

(18)装配图的内容包括:一组图形、完整的尺寸、技术要求和标题栏、零件序号和明细栏。　　　　　　　　　　　　　　　　　　　　　　　　　　　　　　（　　）

(19)剖视图根据剖切范围分类可分为:全剖视图、半剖视图和阶梯剖视图。（　　）

(20)相贯线一般为空间曲线,但有时也可能是平面曲线。　　　　　　　　（　　）

(21)装配图中的所有尺寸都要标出。　　　　　　　　　　　　　　　　　（　　）

(22)截交线一般为空间曲线。　　　　　　　　　　　　　　　　　　　　（　　）

(23)当剖切平面通过由回转面形成的孔或凹坑的轴线时,这些结构的移出断面应按剖视绘制。　　　　　　　　　　　　　　　　　　　　　　　　　　　　　（　　）

(24)图框线用粗实线绘制。　　　　　　　　　　　　　　　　　　　　　（　　）

 任务实施

各小组讨论并绘制下列各图形。

1. 分析错误,画出正确的剖视图(图9-43)。

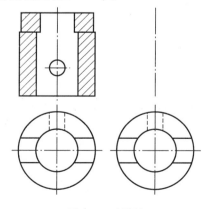

图9-43　改错题

2. 在图 9-44 指定位置画出移出断面图(左键槽深为 5mm)。

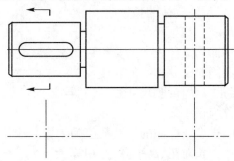

图 9-44　补全移出断面图

3. 识读从动轴零件图回答下列问题。

(1)从动轴共有＿＿＿＿个图形表达。有＿＿＿＿基本视图,两个＿＿＿＿图和一个＿＿＿＿图。

(2)从动轴中有＿＿＿＿个轴段标注了极限偏差数值,这几个轴段分别和齿轮与滚动轴承配合,那么 Φ ＿＿＿＿和 Φ ＿＿＿＿将与滚动轴承配合:Φ ＿＿＿＿和 Φ ＿＿＿＿将与齿轮配合。它们的表面粗糙度分别是＿＿＿＿和＿＿＿＿。

(3)轴右端键槽的长度为＿＿＿＿,键槽的宽为＿＿＿＿。两个键槽的定位尺寸分别是＿＿＿＿和＿＿＿＿。

4. 用符号▲指出从动轴的径向的主要尺寸基准。

5. $\Phi 36$ 圆柱体右端对两处 $\Phi 30 \pm 0.065$ 的公共轴线的圆跳动公差为 0.62,将其代号标注在视图上(图 9-45)。

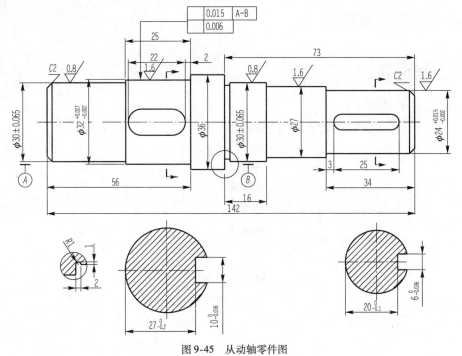

图 9-45　从动轴零件图

评价反馈

1.学习自测题。

(1)在局剖视图中,剖视图和视图之间的分界线用(   )。

    A.粗实线   B.细点画线   C.波浪线   D.细实线

(2)下列不属于剖视图的是(   )。

    A.阶梯剖   B.半剖视图   C.旋转剖   D.局部视图

(3)斜视图所采用的投影方法为(   )。

    A.中心投影法   B.斜投影法   C.正投影法

(4)普通螺纹的代号为(   )。

    A.Tr B.G C.M D.B

2.学习目标达成度的自我检查如表9-8所示。

自 我 检 查 表   表9-8

序号	学 习 目 标	达成情况(在相应选项后打"√")		
		能	不能	如不能,是什么原因
1	掌握本科目的知识体系及内容			
2	掌握试题类型及解题思路			

3.日常表现性评价(由小组长或组员间互评)。

(1)工作页填写情况(   )。

    A.填写完整   B.缺填0~20%   C.缺填20%~40%   D.缺填40%以上

(2)工作着装是否规范(   )。

    A.穿着校服,佩戴胸卡   B.校服或胸卡缺一项

    C.偶尔穿着校服,佩戴胸卡   D.一直不穿着校服,不佩戴胸卡

(3)是否达到全勤(   )。

    A.全勤   B.缺勤0~20%(请假)

    C.缺勤0~20%(旷课)   D.缺勤20%以上

(4)总体印象评价(   )。

    A.非常优秀   B.比较优秀   C.有待改进   D.急需改进

小组长签名:

                          年   月   日

4.教师总体评价。

(1)该同学所在小组整体印象评价(   )。

    A.组长负责,组内学习气氛好

    B.组长能组织组员按要求完成学习任务,个别组员不能达成学习目标

    C.组内有30%以上的组员不能达成学习目标

    D.组内大部分组员不能达成学习目标

(2)对该同学整体印象评价:

教师签名:

                          年   月   日

附 表

普通螺纹 直径与螺距系列 GB/T 193—2003（代替 GB/T 193—1981）

直径与螺距标准组合系列

公称直径 D,d			粗牙	螺距 P（细牙）												
第一系列	第二系列	第三系列		8	6	4	3	2	1.5	1.25	1	0.75	0.5	0.35	0.25	0.2
1			0.25													0.2
	1.1		0.25													0.2
1.2			0.25													0.2
	1.4		0.3													0.2
1.6			0.35													0.2
	1.8		0.35													0.2
2			0.4												0.25	
	2.2		0.45												0.25	
2.5			0.45											0.35		
3			0.5											0.35		
	3.5		0.6											0.35		
4			0.7										0.5			
	4.5		0.75										0.5			
5			0.8										0.5			
		5.5											0.5			

续上表

| 公称直径 D,d | | | 螺距 P | | | | | | | | | | | | | |
| 第一系列 | 第二系列 | 第三系列 | 粗牙 | 细牙 | | | | | | | | | | | | |
				8	6	4	3	2	1.5	1.25	1	0.75	0.5	0.35	0.25	0.2
6			1								1	0.75				
	7		1								1	0.75				
8			1.25								1	0.75				
		9	1.25								1	0.75				
10			1.5							1.25	1	0.75				
		11	1.5								1	0.75				
12			1.75						1.5	1.25	1	0.75				
	14		2						1.5	1.25 *	1					
		15							1.5		1					
16			2						1.5		1					
		17							1.5		1					
	18		2.5					2	1.5		1					
20			2.5					2	1.5		1					
	22		2.5					2	1.5		1					
24			3					2	1.5		1					
		25						2	1.5		1					
		26							1.5							
	27		3					2	1.5		1					
		28						2	1.5		1					
30			3.5				(3)	2	1.5		1					
		32						2	1.5							
	33		3.5				(3)	2	1.5							
		35 * *						2	1.5							
36			4				3	2	1.5							

续上表

公称直径 D、d			螺距 P													
第一系列	第二系列	第三系列	粗牙	细牙												
				8	6	4	3	2	1.5	1.25	1	0.75	0.5	0.35	0.25	0.2
		38					3	2	1.5							
	39		4				3	2	1.5							
		40					3	2	1.5							
42			4.5			4	3	2	1.5							
	45		4.5			4	3	2	1.5							
48			5			4	3	2	1.5							
		50					3	2	1.5							
	52		5			4	3	2	1.5							
		55				4	3	2	1.5							
56			5.5			4	3	2	1.5							
		58				4	3	2	1.5							
	60		5.5			4	3	2	1.5							
		62				4	3	2	1.5							
64			6			4	3	2	1.5							
		65				4	3	2	1.5							
	68		6			4	3	2	1.5							
		70			6	4	3	2	1.5							
72					6	4	3	2	1.5							
		75				4	3	2	1.5							
	76				6	4	3	2	1.5							
		78						2								
80					6	4	3	2	1.5							
		82						2								
	85				6	4	3	2								

续上表

公称直径 D,d			螺距 P													
第一系列	第二系列	第三系列	粗牙	细牙												
				8	6	4	3	2	1.5	1.25	1	0.75	0.5	0.35	0.25	0.2
90				8	6	4	3	2								
	95				6	4	3	2								
100					6	4	3	2								
	105				6	4	3	2								
110					6	4	3	2								
	115				6	4	3	2								
	120				6	4	3	2								
125				8	6	4	3	2								
	130			8	6	4	3	2								
		135			6	4	3	2								
140				8	6	4	3	2								
		145			6	4	3	2								
	150			8	6	4	3	2								
		155			6	4	3									
160				8	6	4	3									
		165			6	4	3									
	170			8	6	4	3									
		175			6	4	3									
180				8	6	4	3									
		185			6	4	3									
	190			8	6	4	3									
		195			6	4	3									
200				8	6	4	3									
		205			6	4	3									

公称直径 D,d			螺距 P													
			粗牙	细牙												
第一系列	第二系列	第三系列		8	6	4	3	2	1.5	1.25	1	0.75	0.5	0.35	0.25	0.2
	210			8	6	4	3									
		215			6	4	3									
220				8	6	4	3									
		225			6	4	3									
		230		8	6	4	3									
		235			6	4	3									
	240			8	6	4	3									
		245			6	4	3									
250				8	6	4	3									
		255			6	4	3									
	260			8	6	4										
		265			6	4										
		270		8	6	4										
		275			6	4										
280				8	6	4										
		285			6	4										
		290		8	6	4										
		295			6	4										
	300			8	6	4										

注:M14×1.25 仅用于火花塞。

M35×1.5 仅用于滚动轴承锁紧螺母。

螺纹直径应优先选用第一系列,其次是第二系列,最后选用第三系列。

尽可能地避免选用括号内的螺距。

对直径自 150 至 600mm 的螺纹,若需要使用螺距大于 6mm 的螺纹,则应优先选用 8mm 的螺距。

参 考 文 献

[1] 田华,邢凤娟.机械制图与计算机绘图(多学时·任务驱动模式)[M].北京:机械工业出版社,2012.

[2] 钱可强,果连成.《机械制图》[M].5版.北京:中国劳动社会保障出版社,2007.